多输入多输出

雷达

——应用于海洋油污检测

DUOSHURU DUOSHUCHU

LEIDA

曾建奎 / 著

U0205522

西南交通大学出版社

·成 都·

内容摘要

由于性能优越，多输入多输出雷达（MIMO 雷达）已成为研究热点。本书较全面地介绍了 MIMO 雷达的工作原理、分类，重点研究了 MIMO 雷达的检测问题，并进行了 MATLAB 仿真和实验验证。最后将 MIMO 雷达应用到海洋油污检测，并对相关研究问题进行了展望。

图书在版编目（ＣＩＰ）数据

多输入多输出雷达：应用于海洋油污检测 / 曾建奎著. 一成都：西南交通大学出版社，2014.5
ISBN 978-7-5643-3055-2

Ⅰ．①多… Ⅱ．①曾… Ⅲ．①多变量系统－雷达－应用－海洋污染监测 Ⅳ．①X834

中国版本图书馆 CIP 数据核字（2014）第 095372 号

多输入多输出雷达
——应用于海洋油污检测
曾建奎　著

*

责任编辑　张宝华
封面设计　墨创文化
西南交通大学出版社出版发行
成都市金牛区交大路 146 号　邮政编码：610031
发行部电话：028-87600564
http://press.swjtu.edu.cn
成都蓉军广告印务有限责任公司印刷

*

成品尺寸：148 mm × 210 mm　　印张：4.75
字数：130 千字
2014 年 5 月第 1 版　　2014 年 5 月第 1 次印刷
ISBN 978-7-5643-3055-2
定价：18.00 元

前　言

在无线通信领域，MIMO 技术被广泛应用，以克服多径效应的影响，并提高传输率。而在雷达技术领域，综合脉冲孔径雷达（Synthetic Impulse and Aperture Radar，SIAR）已被证明是一种高效技术。在这两种技术启发下，产生了 MIMO 雷达。根据工作原理不同可以分成两种类型：一种是 Eran Fishler 提出的收发全分集 MIMO 雷达。收发全分集 MIMO 雷达利用了传统雷达中有害目标的起伏来改善雷达的性能。这种雷达的优势明显，主要包括有效口径大、硬件简单、通过空间分集对抗目标衰落等。另外一种是由美国林肯实验室的研究人员提出的发射分集 MIMO 雷达。在这种雷达工作体制中，收发阵列天线单元布置与相控阵雷达相同，甚至可以共用同一个阵列，因此，它也被认为是相控阵雷达的扩展。它的特点是发射信号相互正交，而在接收端采用波束形成方法进行处理，对接收到的综合信号进行分离。这种雷达的优点主要是利用发射信号的多样性提高雷达参数的可辨识性，进而提高角度分辨力。发射分集的 MIMO 雷达技术与现在使用的雷达技术更加接近，因此在工程上更容易实现。

本书对两种不同类型的 MIMO 雷达检测的相关问题展开研究，安排如下：

第一章对雷达发展情况进行简单概述，讲述了 MIMO 雷达的产生、发展概况、工作原理及分类。

第二章研究收发全分集 MIMO 雷达的工作原理，建立收发信号模型。在经典的慢起伏雷达目标截面积 RCS 模型的基础上，χ^2 分布模型，理论分析收发全分集 MIMO 雷达的检测性能，并与传统的相控阵进行比较。

第三章将统计模型、隐马尔可夫模型（Hiddden Markov Model，HMM），应用于收发全分集的 MIMO 雷达目标检测问题中。收发全分集 MIMO 雷达的天线阵元布置间距很大，可以认为接收天线从不同角度对目标进行观察，因此，目标的回波在不同角度上呈现不同的特性，回波强度变化很大；而杂波的回波则在每个方向上呈现出相同的特性，回波的强度基本相同。根据这个特点，可以用隐马尔可夫模型对目标回波和杂波回波分别进行建模，从而实现对目标回波和杂波的分离。

第四章研究基于正交波形的发射分集 MIMO 雷达的工作原理。首先分析这种雷达系统的特点、信号模型，再构建基于正交波形的发射分集 MIMO 雷达仿真系统，用仿真系统验证发射分集 MIMO 雷达在抗截获性能、检测弱目标能力、速度分辨力、距离分辨力等方面相对于传统相控阵雷达的优势。

第五章将传统的空时自适应处理技术（Space-time Adaptive Processing，STAP）应用于采用正交波形的发射分集 MIMO 雷达。针对 MIMO 雷达发射相互正交信号这一特点，将空时自适应处理技术进行了扩展，提出了波形-空间-时间三维信号处理方法。

第六章将图像处理技术中常用的 Hough 变换应用于发射信号分集的 MIMO 雷达目标检测问题中。首先针对常规 Hough 变换计算量大的问题，提出改进方法，采用斜率-截距参数空间，通过平移参数空间单元格的方法来实现 Hough 变换，对具有相同到达时间的一组数据同时处理，降低了计算量。更进一步提出利用回波信号的相位实现相干积累，在低信噪比时提高检测性能。最后研究了将 Hough 变换应用于 MIMO 雷达长时间积累中的方法。

第七章将通信系统中的信道估计技术应用于 MIMO 雷达的检测问题中，把雷达检测问题等效成信号传输信道估计问题。由于目标的存在，使得信道的特性发生变化，进而对信道特性进行分析，从而判断目标是否存在。

第八章介绍了 MIMO 雷达在海洋油污的检测问题。MIMO 雷达在工作体制上与 SAR 雷达很类似，因此，借鉴 SAR 雷达在海洋油污检测的成功应用，可以将 MIMO 雷达用在海洋油污的检测问题中。

本书得到重庆科技学院博士教授启动基金项目（CK2010B04）的支持。感谢出版社在本书出版过程中的认真编辑加工。

限于水平，书中难免有不妥之处，敬请读者批评指正。

作　者
2013 年 11 月

目　录

第 1 章

绪　论

1.1　引　言

　　基于阵列处理的有源阵列广泛应用于雷达系统的目标检测和参数估计[1~3]。雷达系统的任务是目标检测及参数估计，如确定目标的距离、方位和速度等。检测和参数估计问题已经在文献中进行了详细研究[4]，其解决方法可以分为两类：一是基于高分辨率技术，如MUSIC 或最大似然（ML）[4]；二是利用多个阵元在空间形成波束。在接收天线端使用数字波束形成技术[4~8]，可以同时形成多个接收波束，无需机械扫描。

　　自 20 世纪 40 年代以来，由于相控阵雷达技术比机械扫描雷达具有明显的优越性，目前已经在各个领域得到了广泛应用。典型代表有美国的地基雷达(GBR)和宽带固态有源相控阵雷达，包括 TMD-GBR雷达、GBR-P 雷达及发展型 XBR 雷达等[9]。我国也对相控阵雷达进行了研究[10~12]。由于在杂波环境中检测出运动目标是很重要的，由此发展了空时自适应信号处理技术[13~16]。

　　另外一种有源雷达是多基雷达[17]。这种雷达系统由许多子雷达构成，每个子雷达工作独立[18]，即分别独立进行信号预处理，处理结果通过网络送到中央处理器进行信息的融合，以作出最终决策[17~21]。

20 世纪 70 年代末，为了解决雷达隐身目标的探测问题和提高雷达抗反辐射导弹的能力，法国国家航天局提出了综合脉冲孔径（SIAR）雷达[22, 23]概念。由于大量使用的隐身飞行器的隐身材料都是针对厘米波段雷达而设计的，因此隐身对米波雷达无效，故米波雷达可探测到隐身目标。但米波雷达由于信号波长大，因此要获得足够高的角度分辨率，米波雷达天线应有大的口径尺寸。为了在天线阵元数和口径尺寸间获得折中选择，SIAR 采用了大阵元间距的随机稀布阵形式。为了提高雷达抗反辐射导弹的能力，SIAR 雷达采用将发射天线和接收天线分开放置的布阵方式；也为了使 SIAR 雷达具有全向探测能力，通常采用大口径稀布圆环阵列形式。图 1.1 为 SIAR 雷达阵元布置俯视图，其中内环上的小圆圈代表接收天线阵元，外环上的双三角代表发射天线阵元。

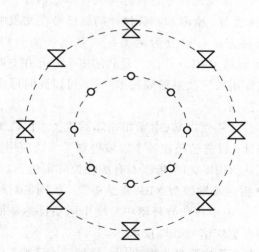

图 1.1　SIAR 雷达阵元布置俯视图

　　SIAR 雷达除了天线布置采用稀布方式外,工作原理也与普通相控阵雷达或稀布阵雷达不同,其独特之处在于 SIAR 雷达的每个天线发射的信号各不相同,并且相互正交,因此 SIAR 雷达的发射波束将是低增益的宽波束。而接收可采用数字波束形成技术,形成多个同时接收波束,以覆盖发射波束所照射的空域。SIAR 发射的正交波形,可以通过编码方式实现,简单的方法也可通过频分的方式实现,即每个天线发射信号的频率是步进递增的,步进增量为发射波形时宽的倒数。

　　由于 SIAR 雷达采用了大阵元间距的稀布阵方式,且各阵元发射信号不同,就这两点而言,SIAR 已有 MIMO 雷达的影子,是 MIMO 雷达的雏形。而在文献[24, 26]中提到的雷达,由于利用了多个阵元发射相互正交的波形,故被称为 MIMO 雷达。

　　受 MIMO 通信理论及 SIAR 概念的启发,以及雷达对新理论和新技术的需求,两种 MIMO 雷达概念被提出[27]:一种是收发全分集的 MIMO 雷达,这种雷达的特点是收发天线阵列单元的间距很大,利用空间分集;另一种是发射分集的 MIMO 雷达,这种雷达的特点是发射相互正交的信号,利用信号分集。

1.1.1　收发全分集 MIMO 雷达

　　首先提出的是收发全分集的 MIMO 雷达[28-30],这种雷达的思想受到 MIMO 通信思想的启发[31-33],收发天线间距拉开很大,以达到从不同角度观测目标的目的。多输入多输出系统(MIMO,Multiple Input Multiple Output)原本是控制系统中的一个概念,表示一个系统有多个输入和多个输出,如果将移动通信系统的传输信道看成一个系统,则发射信号可看成移动信道(系统)的输入信号,而接收信号可看成移动信道的输出信号。从 20 世纪 90 年代中期以来,Bell 实验室等先后提出在无线通信系统中的基站和移动端均用多天线的方案，即对移动信道这样一个系统而言，有多个信号输入和多个信号输出（MIMO 系统）[31,32]。由于 MIMO 通信系统可获得空间分集增益，能显著提高移动通信系统在衰落信道条件下的信道容量，特别对大的角度扩展信道（极端情况是 2π），其性能改善尤为明显，理论分析表明，信道容量与收发两端天线阵元数有直接关系[33]。实验室的研究证明，采用 MIMO 技术在室内传播环境下的频谱效率可以达到 20～40bit/s/Hz，而使用传统无线通信技术在移动蜂窝中的频谱效率仅为 1～5 bit/s/Hz，在点到点的固定微波系统中也只有 10～12 bit/s/Hz。MIMO 技术作为提高数据传输速率的重要手段受到人们越来越多的关注。MIMO 技术的核心是空时信号处理，也就是利用在空间中分布的多个天线将时间域和空间域结合起来进行信号处理，它有效地利用了随机衰落和可能存在的多径传播以成倍提高业务传输速率。对 MIMO 技术的研究主要集中在智能天线、信道模型、信道容量、信号编码、空间分集及空间复用等方面。

如图 1.2 所示[34]，雷达目标在不同的散射方向提供了丰富的散射信号，考虑到地物等环境对目标不同部分散射信号的反射，雷达接收的信号应是各多径信号的叠加。鉴于具有与通信中角度扩展相似的特性，相距一定间隔的两个接收天线接收的信号可以是相互独立的。另外，雷达目标具有明显的闪烁特性。理论和实验均表明，雷达目标在姿态和方向上的微小变化，都将导致雷达回波（即 RCS，雷达截面积）的严重起伏，可达 10～25 dB[35]。这种回波信号的起伏十分类似于移动信道的信号衰落，将严重影响常规雷达的探测性能[36]。可见，雷达回波信号具有某些与通信信道相似的特性，将已在移动通信中得到深入研究的 MIMO 概念[37]，引申应用于解决雷达信号接收和目标探测问题，是一种可行的尝试。

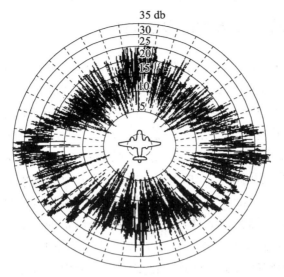

图 1.2 目标的雷达信号后向散射（波长：10 cm）

这种 MIMO 雷达直接来源于 MIMO 通信概念，它采用扩展目标模型，而不是传统的点目标模型，可以把雷达目标类比于通信中的信道[39]。这种 MIMO 雷达的一个特点是：利用目标截面面积的角度扩展（目标截面积随着观测角度起伏变化）来提高雷达性能。一个天线收到的目标回波很小的可能性较大，但是当增加天线数目，从不同的角度观测目标，所有天线的目标回波都很小的概率就可以任意地小[39]，这种思想被称为空间增益，这种增益被用来对抗目标的衰落[30]。研究发现，收发全分集 MIMO 雷达的优点主要有：

（1）利用空间分集来提高目标检测性能[30]和目标角度估计性能[40]。

（2）提高移动目标检测能力[39]。

（3）采用相干处理模式来提高目标分辨力[39]。

（4）利用信号多样性来提高同时处理目标的数量。这点与通信中的空分复用概念类似[41]，利用信号多样性建立高维信号空间。

1.1.2　发射分集 MIMO 雷达

另一种 MIMO 雷达是发射分集的 MIMO 雷达，这种雷达发射阵列结构与相控阵相同，可以看成相控阵雷达的扩展。美国麻省理工学院（MIT）林肯实验室（Lincoln）的 Rabideau 和 Parker 于 2003年在第 37 届 Asilomar 信号、系统与计算机会议（ACSSC）上提出了发射分集的 MIMO 雷达概念[26]。他们对 MIMO 雷达在宽搜索波束形成、低截获概率（LPI）、杂波抑制等方面的优势进行了理论分析，并设计了一个 L 波段实验系统，对其中的关键技术进行了实验研究。在同一届会议上林肯实验室的 Bliss 和 Forsythe 对不同结构下 MIMO 雷达的自由度、分辨力改善进行了分析，也对 MIMO 雷达如何利用空时自适应处理（STAP）进行地面动目标显示（GMTI）进行了研究[25]。

发射分集 MIMO 雷达的阵元间发射相互正交的信号，使发射信号不能在空间同相叠加形成高增益窄波束，而是形成宽波束。在接收端，通过匹配滤波处理来恢复各发射信号分量，并通过 DBF 来形成同时数字多波束，以覆盖发射波束所照射的区域。发射分集 MIMO 雷达不强调阵元间发射信号的相互独立性，而是在传统相控阵雷达的基础上要求各阵元发射的波形相互正交，这种雷达与发全分集 MIMO 雷达不同，它的发射阵元间距很小，与相控阵的阵列配置相同。这种雷达充分利用了各阵元信号的相干性，这与收发全分集 MIMO 技术空间分集的特点恰恰相反。

发射分集 MIMO 雷达与相控阵雷达的区别如图 1.3 所示[38]，图（a）是 MIMO 雷达，它发射完全不同的信号，信号之间相互独立；图（b）是相控阵雷达，它发射信号的波形相同，只是每个信号加权进行波束形成。

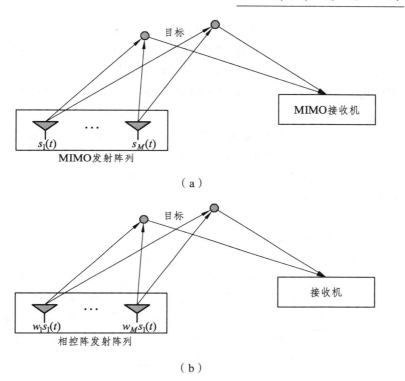

（a）

（b）

图 1.3 MIMO 雷达、相控阵雷达示意图

1.2 研究动态及发展现状

对于收发全分集 MIMO 雷达的研究主要集中于新泽西技术研究所、Lehigh 大学、德拉瓦大学、贝尔实验室等机构。新泽西技术研究所的 Fishler 等人分析了 MIMO 雷达角度估计均方差的 Cramer-Rao 限，并研究了角度分集增益对检测概率的改善情况[25]。

发射分集 MIMO 雷达与工程比较接近，研究比较广泛，主要集中于 MIT 林肯实验室、佛罗里达大学、华盛顿大学、英国的牛津大学以及我国的清华大学等机构。这种雷达把能量均匀地发射到感兴趣的空间，具有抗截获等优势。相比于传统相控阵雷达的波束形成，这种雷达的处理增益低，但由于雷达同时观测很大的空间，不需要扫描，因此可以长时间积累，来弥补未波束形成而造成的处理增益方面的损失[26]。

Rabideau 对发射分集 MIMO 雷达的系统结构、匹配滤波、波束形成及性能改善方面进行了研究[39]；Robey 建立了 L 波段和 X 波段的 MIMO 雷达实验系统用于研究低旁瓣的波束形成技术[42]；Bekkerman 及 Tabrikian 对发射分集 MIMO 雷达的空间覆盖、方向图改善和最大可检测目标数目等问题进行了研究，也对其在目标检测、DOA 估计及 CRB 方面的性能改善进行了详细研究[43-46]；Sammartino 研究了目标模型对 MIMO 雷达性能的影响[47]；牛津大学的 Khan 通过实验系统对收发分集 MIMO 雷达模式下球状目标回波的信噪比改善进行了研究[48]。在角度分集和发射信号优化方面，Deng 利用模拟退火算法来优化正交多相编码波形[49]和正交离散频率编码波形[50]。他优化了相关函数，设计的正交波形对多普勒频率很敏感。针对这个问题，Khan 用正交矩阵的设计方法对多普勒问题进行了处理[51]，但是当波形长度及波形个数增加的时候，这种方法难以胜任；Yang 则从信息论的角度，基于互信息及最小均方误差估计的准则下对正交波形的设计进行了研究，并取得了很好的研究成果[52]。实际上，MIMO 雷达也可以采用非正交波形集来实现任意的方向图。在这方面，华盛顿大学研究了如何通过选择合适的信号互相关矩阵和互谱密度矩阵来逼近需要实现的发射方向图[53,54]；MIT 林肯实验室的 Bliss 和 Forsythe 则研究了在杂波环境下用于雷达成像的发射波形优化设计，以及在无杂波环境下用于测角的发射波形优化设计问题[55]。

Xu 和 Li 等人则对自适应技术在 MIMO 雷达中的应用进行了研究[56,57]，将目前存在的一些方法在 MIMO 雷达下进行拓展，主要包括 Capon 波束形成及 APES 方法等，显示了 MIMO 雷达在这些方面的优越性。同时他们也对探测信号的设计进行了研究。

在国内，目前也开始对 MIMO 雷达进行研究，而且已经有了这方面的研究基础。自 1994 年起，我国对 SIAR 在米波雷达中的应用进行了大量的研究[58，69]，构建了试验系统并取得了可喜的成果。从 20 世纪 90 年代中期开始，我国便对雷达波形数字产生技术进行研究，已先后完成了多项数字波形产生的研究任务。从 2003 年开始，我国对低截获相控阵雷达技术进行了前期研究，在系统方案，单元模块电路等方面已取得一定进展。同时，也开展了窄带数字 T/R 组件的研究，用数字方法实现了窄带数字波形的产生和数字延时，并于 2001 年完成了一个 8 阵元收发实验系统。另外，也对 MIMO 通信中的"新型天线与分集技术"进行了研究，并深入系统地研究了新一代无线通信系统中的 MIMO 技术。目前，我国正在开展 MIMO 雷达的理论研究和实验平台研究。

第 2 章

收发全分集 MIMO 雷达检测性能研究

贝尔实验室提出收发全分集的 MIMO 雷达，也被称为统计 MIMO（S-MIMO）雷达。这种雷达借用了移动通信中空间分集的思想，通过增大各阵元间距来使各接收信号完全独立，以便获得空间分集增益，这与相控阵雷达所要求的各阵元接收信号相干是完全不同的。与传统雷达理论相比，收发全分集的 MIMO 雷达在信号检测能力等方面有明显优点。收发全分集 MIMO 雷达中要求发射天线间距、接收天线间距足够大，以使每个发射天线-接收天线对从不同的角度观测目标，目标截面积（RCS）在不同的发射天线-接收天线对上的起伏变化独立。综合整个 MIMO 雷达系统的效果，目标截面积的起伏变化较小，以此来克服 RCS 起伏对目标检测造成的影响，提高雷达在低信噪比时的检测性能。

2.1　收发全分集 MIMO 雷达信号模型

收发全分集 MIMO 雷达原理如图 2.1 所示，设目标距离为 R，发射天线共有 M 个阵元，阵元间距为 d_t；接收天线共有 N 个阵元，接收天线阵元间距为 d_r。

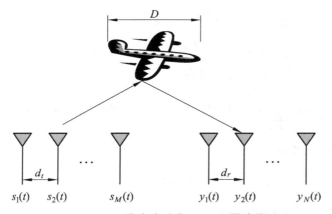

图 2.1　收发全分集 MIMO 雷达原理

为使整个雷达系统能工作在 MIMO 状态，即各阵元信号独立，或信号具有大的角度扩展，阵元间距 d_t 或 d_r（统一用 d 表示）应满足如下约束条件[25]：

$$d \geqslant \frac{\lambda R}{D}$$

式中 λ 是雷达载波波长，R 是目标距离，D 是目标尺寸。

设空间有一分布式二维目标并位于 (x_0, y_0) 处，目标的大小为 $\Delta x \times \Delta y$，目标相对于发射阵列中第 k 个天线的方向角为 θ_{tk}，对于接收阵列中第 l 个天线的方向角为 θ_{rl}。发射天线各阵元发射信号分别为 $s_1(t), s_2(t), \cdots, s_M(t)$，构成发射信号向量：

$$\boldsymbol{s}(t) = [s_1(t), s_2(t), \cdots, s_M(t)]^{\mathrm{T}} \tag{2-1}$$

假设信号持续时间为 T_0，则 MIMO 雷达发射的正交信号间 $s_i(t)$ 满足：

$$\int_0^{T_0} s_i(t) s_j^*(t) \mathrm{d}t = \begin{cases} 1, & i = j \\ 0, & i \neq j \end{cases} \tag{2-2}$$

第 k 个天线发射信号到目标，再反射回到第 l 个接收天线的信号可以写成：

$$y_{lk}(t) = \alpha_{lk} e^{-j2\pi(k-1)d_t \sin\theta_{tk}/\lambda}\, e^{-j2\pi(l-1)d_r \sin\theta_{rl}/\lambda}\, s_k(t-\tau) \qquad (2\text{-}3)$$

其中 τ 为目标距离延迟。

第 l 个接收天线的总信号为

$$y_l(t) = \sum_{k=1}^{M} \alpha_{lk} e^{-j2\pi(k-1)d_t \sin\theta_{tk}/\lambda}\, e^{-j2\pi(l-1)d_r \sin\theta_{rl}/\lambda}\, s_k(t-\tau) + v(t) \qquad (2\text{-}4)$$

接收信号向量为

$$\boldsymbol{y}(t) = [y_1(t), y_2(t), \cdots, y_N(t)]^{\mathrm{T}} \qquad (2\text{-}5)$$

接收信号写成矩阵形式为

$$\boldsymbol{y}(t) = \mathrm{diag}(\boldsymbol{a}) \sum \mathrm{diag}(\boldsymbol{b}) \boldsymbol{s}(t-\tau) + \boldsymbol{n}(t) \qquad (2\text{-}6)$$

其中 $v(t)$ 是 N 维接收噪声向量，通常情况下，可以假设为独立的高斯白噪声；$\boldsymbol{a}$ 为发射接收阵列矢量：

$$\boldsymbol{a} = [1, e^{-j(2\pi d_r)\sin\theta_{r1}/\lambda}, \cdots, e^{-j2\pi(N-1)d_r \sin(\theta_{rN})/\lambda}]^{\mathrm{T}} \qquad (2\text{-}7)$$

$\boldsymbol{b}$ 为发射阵列矢量：

$$\boldsymbol{b} = [1, e^{-j(2\pi d_r)\sin\theta_{t1}/\lambda}, \cdots, e^{-j2\pi(M-1)d_r \sin(\theta_{tM})/\lambda}]^{\mathrm{T}} \qquad (2\text{-}8)$$

$\mathrm{diag}(\boldsymbol{v})$ 表示以 $\boldsymbol{v}$ 为对角线的矩阵。

$\boldsymbol{\Sigma}$ 为目标散射矩阵，$\boldsymbol{\Sigma}$ 的每个元素 $(\boldsymbol{\Sigma})_{ji}$ 表示从第 i 个天线发射到目标经过反射到第 j 个天线接收整个过程的信号衰减，包括目标散射、距离衰减、大气衰减等因素。可以用随机变量描述 $(\boldsymbol{\Sigma})_{ji}$，如经典的 Swerling 模型。Fishler 采用 Swerling I 模型对 MIMO 雷达检测性能进行分析[35]，本章第 3 节推广到慢起伏的 χ^2 分布模型，即 RCS 在脉冲内起伏恒定，扫描间变化。

Fishler[35] 理论分析了 $\boldsymbol{\Sigma}$ 中元素 $(\boldsymbol{\Sigma})_{ji}$ 与 $(\boldsymbol{\Sigma})_{kl}$ 完全独立的充分条件是以下四个条件中满足任意一条：

$$\begin{cases} rx_j - rx_i > d(rx_j, ry_j, x_0, y_0)\lambda / \Delta x & (1) \\ tx_k - tx_l > d(rx_k, ry_k, x_0, y_0)\lambda / \Delta x & (2) \\ ry_j - ry_i > d(rx_j, ry_j, x_0, y_0)\lambda / \Delta y & (3) \\ ry_k - ry_l > d(tx_k, ty_k, x_0, y_0)\lambda / \Delta y & (4) \end{cases} \qquad (2\text{-}9)$$

式中 rx_j 表示第 j 个接收天线的横坐标，ry_j 表示第 j 个接收天线的纵坐标；tx_j 表示第 j 个发射天线的横坐标，ty_j 表示第 j 个发射天线的纵坐标。

$(\boldsymbol{\Sigma})_{ji}$ 与 $(\boldsymbol{\Sigma})_{kl}$ 完全相关的充分条件是下列四个条件同时满足：

$$\begin{cases} rx_j - rx_i \ll d(rx_j, ry_j, x_0, y_0)\lambda / \Delta x & (1) \\ tx_k - tx_l \ll d(rx_k, ry_k, x_0, y_0)\lambda / \Delta x & (2) \\ ry_j - ry_i \ll d(rx_j, ry_j, x_0, y_0)\lambda / \Delta y & (3) \\ ry_k - ry_l \ll d(tx_k, ty_k, x_0, y_0)\lambda / \Delta y & (4) \end{cases} \qquad (2\text{-}10)$$

2.2　雷达模型分类

根据目标散射矩阵中元素关系的不同和发射信号的不同，可以将雷达系统分为四种类型：相控阵雷达、多输入多输出雷达（MIMO）、单输入多输出雷达（SIMO）和多输入单雷达（MISO）。

1）相控阵雷达

当收发天线间距满足时，目标散射矩阵中的元素完全相关，因此目标散射矩阵可以写成 $\alpha \mathbf{1}_{N \times M}$，其中，$\mathbf{1}_{N \times M}$ 是 $N \times M$ 维矩阵，它的元素全是 1；α 为高斯随机变量，此时雷达工作在相控阵模式下。另外在相控阵雷达中，各个发射天线发射相同的信号，只是在相位上有差别，即 $s(t) = \tilde{\boldsymbol{b}}s(t)$，其中 $\tilde{\boldsymbol{b}}$ 用来使发射波束指向某个方向。在这种模式下，假设目标相对于发射阵列和接收阵列的方向角分别为 θ, θ'，发射阵列通过波束形成使波束指向 $\tilde{\theta}$，则接收信号可以写成：

$$y(t) = \alpha a(\theta')b(\theta)\tilde{b}s(t-\tau) + n(t) \qquad (2\text{-}11)$$

接收阵列形成一个指向 $\tilde{\theta}'$ 的波束，波束形成后的输出为

$$r(t) = \alpha a^{\mathrm{H}}(\tilde{\theta}')a(\theta')b(\theta)^{\mathrm{H}}\tilde{b}(\tilde{\theta})s(t-\tau) + n(t) \qquad (2\text{-}12)$$

如果使 $\tilde{\theta}' = \theta'$，$\theta = \tilde{\theta}$，相控阵雷达将获得最大相干处理增益 MN。

2）MIMO 雷达

当所有发射阵列和接收阵列天线间距满足时，雷达工作在 MIMO 模式下，目标散射矩阵中的元素完全独立。公式可以简写为

$$y(t) = Hs(t-\tau) + n(t) \qquad (2\text{-}13)$$

其中，$H = \mathrm{diag}(a)\Sigma\mathrm{diag}(b)$，$H$ 的每个元素为随机变量，分布与 Σ 中的元素相同。在这种模式下，每个发射天线-接收天线对都从不同的角度观测目标，整个雷达相当于 $M \times N$ 个子雷达。对于单个雷达来说，观测到目标截面积小的概率较大，但这 $M \times N$ 个子雷达都观测到目标截面积小的概率很小，这有利于克服目标的起伏，提供稳定的检测性能，特别有利于检测低信噪比情况下的目标。

3）SIMO 雷达和 MISO 雷达

介于 MIMO 雷达和传统相控阵雷达之间的是 SIMO 雷达和 MISO 雷达。在 MISO 雷达中，发射单元间距满足（2-9），而接收单元间距满足（2-10）。SIMO 雷达则相反。

2.3　MIMO 雷达与传统相控阵雷达检测性能对比分析

2.3.1　MIMO 雷达似然函数

在 MIMO 雷达模式下，对公式（2-6）进行化简得到

$$y(t) = Hs(t - \tau) + n(t) \qquad (2\text{-}14)$$

其中，Σ 为目标散射矩阵，$H = \text{diag}(a)\Sigma\text{diag}(b)$。这里假设噪声为高斯白噪声，均值为 0，方差为 σ_n^2。矩阵 H 中的一个元素 h_{ij} 为第 j 个天线到第 i 天线目标的散射系数。假设 h_{ij} 为自由度为 m 的 χ^2 分布随机变量，它的概率密度函数为[70]

$$p(h) = \frac{m}{\Gamma(m)h_0}\left[\frac{mh}{h_0}\right]^{m-1}\exp\left[-\frac{mh}{h_0}\right] \qquad (2\text{-}15)$$

式中 Γ 表示伽马函数，h_0 表示 h 的均值。当 $m = 2$ 时，RCS 为 Swerling Ⅰ 模型；当 $m = 4$ 时，RCS 为 Swerling Ⅲ 模型。雷达工作在 MIMO 模式时，散射系数 h_{ij} 相互独立；而在传统相控阵模式下，h_{ij} 之间完全相关。

对每个接收天线收到的信号，用匹配滤波器分离出每个发射信号分量，每个收-发天线对接收到的单个信号分量 $r(t)$ 可以表示为

$$r(t) = hs(t) + n(t) \qquad (2\text{-}16)$$

其中 $s(t)$ 为一个天线发射的信号。

上式中，随机变量 $|h|^2$ 为自由度为 m 的 χ^2 分布。根据文献[70]的结论，自由度为 m 的 χ^2 分布的信道输出可以正交分解为 m 个高斯信道的输出之和，因此（2-16）式可以分解为

$$r(t) = \sum_{i=1}^{m} a_i f_i(t) + n(t) \qquad (2\text{-}17)$$

其中 a_i 服从高斯分布，描述每个子信道，均值为 0，方差为 σ_a^2；$f_i(t)$ 是相互正交的信号，可以看成是每个高斯信道的输出：

$$\int_0^{T_0} f_i(t)f_j^*(t)\mathrm{d}t = \begin{cases} 1, & i = j \\ 0, & i \neq j \end{cases} \qquad (2\text{-}18)$$

因此，雷达目标检测问题可以归结为[34]

$$H_0 : 目标不存在$$
$$H_1 : 目标存在$$

在 Neyman-Pearson 准则下，最优检测为似然比检测[70]。文献[70]中推导了（2-17）式的似然比检测。定义：

$$L_i = \int_0^{T_0} r(t) f_i^*(t) \mathrm{d}t \qquad （2-19）$$

式中 L_i 为零均值的高斯分布随机变量。在 H_0 下，L_i 的方差为 σ_n^2；在 H_1 下，L_i 的方差为 $\sigma_n^2 + \sigma_a^2$。（2-17）式的似然比函数为[70]

$$\Lambda_s(r(t)) = \exp\left(\frac{1}{\sigma_n^2} \sum_{i=1}^m a_i L_i - \frac{1}{2\sigma_n^2} \sum_{i=1}^m a_i^2 \right) \qquad （2-20）$$

2.3.2　MIMO 雷达检测性能分析

MIMO 雷达中，各散射系数 h_{ij} 相互独立，整个雷达系统的似然比函数为所有天线对似然比函数之积。因此可以先对（2-20）式求平均，求出单个天线对的平均似然比函数

$$\overline{\Lambda_s(r(t))}$$

$$= \int \cdots \int \exp\left(\frac{1}{\sigma_n^2} \sum_{i=1}^m a_i L_i - \frac{1}{2\sigma_n^2} \sum_{i=1}^m a_i^2 \right) p(a_1) \cdots p(a_m) \mathrm{d}a_1 \cdots \mathrm{d}a_m$$

$$\qquad （2-21）$$

$$= \exp\left(\sum_{i=1}^m L_i^2 \frac{\sigma_a^2}{\sigma_n^2 + \sigma_a^2} \right)$$

雷达系统的平均似然比函数为 $M \times N$ 个天线对的平均似然比函数之积：

$$\overline{\Lambda(r(t))} = \prod_{s=1}^{MN} \overline{\Lambda_s(r(t))} = \exp\left[\sum_{i=1}^{MN \times m} \frac{\sigma_a^2}{\sigma_n^2 + \sigma_a^2} \cdot L_i^2\right] \qquad （2\text{-}22）$$

MIMO 雷达似然比检测为 $\overline{\Lambda(r(t))} > \Lambda_0$，若用对数似然比，则得到判决规则：

$$\sum_{i=1}^{MN \times m} \frac{\sigma_a^2}{\sigma_n^2 + \sigma_a^2} \cdot L_i^2 \underset{H_0}{\overset{H_1}{\gtrless}} \gamma \qquad （2\text{-}23）$$

其中 $\gamma = \ln(\Lambda_0)$。令 $T = MN \times m / 2 - 1$，$\sigma_0^2 = \sigma_n^2$，$\gamma' = \gamma / 2\sigma_0^2$，根据似然比检测得到虚警概率 P_f [70]

$$P_f = 1 - I_\Gamma\left(\frac{\gamma'}{\sqrt{T+1}}, T\right) \qquad （2\text{-}24）$$

式中 I_Γ 为不完全伽马函数。令 $\sigma_1^2 = \sigma_n^2 + \sigma_a^2$，$\gamma'' = \gamma / 2\sigma_1^2$，检测概率 P_d 为 [70]

$$P_d = 1 - I_\Gamma\left(\frac{\gamma''}{\sqrt{T+1}}, T\right) \qquad （2\text{-}25）$$

2.3.3　相控阵雷达检测性能分析

在相控阵雷达中，雷达的波束形成增益体现在散射系数 h_{ij} 中，当目标处于雷达波束照射中，$|h_{ij}|$ 较大，否则 $|h_{ij}|$ 较小。无论目标的位置是否在雷达波束中，各散射系数 h_{ij} 相关。整个雷达系统的似然比函数为 $M \times N$ 个天线对的似然比函数之积

$$\Lambda(r(t)) = \prod_{s=1}^{MN} \Lambda_s(r(t)) = \exp\left[\left(\frac{1}{\sigma_n^2}\sum_{i=1}^{m} a_i L_i - \frac{1}{2\sigma_n^2}\sum_{i=1}^{m} a_i^2\right) \cdot MN\right] \qquad （2\text{-}26）$$

然后对 $\Lambda(r(t))$ 求平均，求得整个雷达系统的平均似然比函数

$$\overline{\Lambda(r(t))}$$

$$= \int \cdots \int \Lambda(r(t)) p(a_1) \cdots p(a_m) \mathrm{d}a_1 \cdots \mathrm{d}a_m \qquad (2\text{-}27)$$

$$= \exp \left(\sum_{i=1}^{m} \frac{\sigma_a^2}{\sigma_n^2 / MN + \sigma_a^2} \cdot L_i^2 \right)$$

与 MIMO 雷达检测规则类似，相控阵的对数似然比检测规则为

$$\sum_{i=1}^{m} \frac{\sigma_a^2}{\sigma_n^2 / MN + \sigma_a^2} \cdot L_i^2 \underset{H_0}{\overset{H_1}{\gtrless}} \gamma \qquad (2\text{-}28)$$

令 $T = m/2 - 1$, $\sigma_0^2 = \sigma_n^2/MN$, $\gamma' = \gamma/2\sigma_0^2$, 虚警概率 P_f 为[70]

$$P_f = 1 - I_\Gamma \left(\frac{\gamma'}{\sqrt{T+1}}, T \right) \qquad (2\text{-}29)$$

令 $\sigma_1^2 = \sigma_n^2 / MN + \sigma_a^2$, $\gamma'' = \gamma/2\sigma_1^2$, 检测概率 P_d 为[70]

$$P_d = 1 - I_\Gamma \left(\frac{\gamma''}{\sqrt{T+1}}, T \right) \qquad (2\text{-}30)$$

2.4 数字实验结果

本节中，通过数字试验验证了前面的理论分析，并在每组试验中，对比了相同条件下 MIMO 雷达和相控阵雷达的检测性能。定义信噪比 SNR 为：接收信号功率与噪声功率之比值。在第一个实验中，考虑目标模型为 Swerling III 模型，发射天线数 $M = 2$，接收天线数 $N = 2$，信噪比 SNR = 5 dB。结果如图 2.2 所示。在第二个实验中，考虑目标模型为 Swerling I 模型，发射天线数 $M = 2$，接收天线数 $N = 2$，信噪比 SNR = 10 dB，结果如图 2.3 所示。从图 2.2 和图 2.3 可以看出，在相同的虚警概率下，MIMO 雷达的检测概率都高于相控阵雷达。

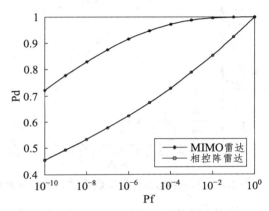

图 2.2　SwerlingⅢ目标模型雷达检测概率曲线

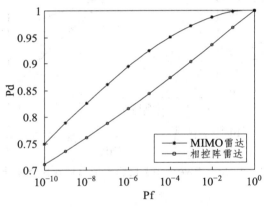

图 2.3　Swerling Ⅰ 目标模型雷达检测概率曲线

本文进一步比较了漏警概率 P_{MD} 随信噪比 SNR 变化的情况。在实验中，发射天线数 $M = 2$，接收天线数 $N = 2$，虚警概率 $P_f = 10^{-6}$。图 2.4 为 Swerling Ⅲ 的情况，图 2.5 为 Swerling Ⅰ 的情况。从图中可以看出，在低信噪比情况下，相控阵雷达性能略优于 MIMO 雷达；在高信噪比情况下，MIMO 雷达性能大大优于相控阵雷达性能。

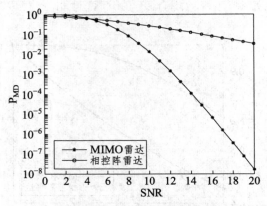

图 2.4　SwerlingⅢ目标模型雷达漏警概率曲线

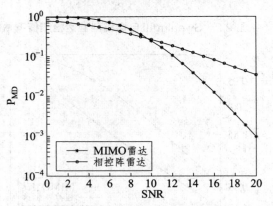

图 2.5　SwerlingⅠ目标模型雷达漏警概率曲线

2.5　本章小结

收发全分集 MIMO 雷达的思想主要受到 MIMO 通信的启发，通过拉大天线间距来实现每个发射天线-接收天线对从不同的角度探测目标，以克服目标截面积的起伏对检测的影响，这与相控阵雷达所要求各阵元接收信号相干是完全不同的。本章研究了基于收发全分集的

MIMO 雷达系统信号模型和检测性能，其创新点在于：结合雷达截面积的经典分布模型 χ^2 分布，利用正交分解方法，将描述 RCS 的随机变量进行正交分解，从理论上推导了 MIMO 雷达的检测统计量，并计算出虚警概率和检测概率。通过数字试验验证在 Swerling I 和 Swerling III 目标模型下，MIMO 雷达的性能在低信噪比时优于传统的相控阵雷达。

第 3 章

隐马尔可夫模型在收发全分集MIMO
雷达检测的应用

3.1　引　言

隐马尔可夫模型（HMM）是信号的一种统计模型，其理论基础是在 1970 年前后由 Baum 等人建立起来的[71, 72]。随后在 20 世纪 70 年代中期由 Jelinek 等人将其应用到语音识别中[73, 74]；由 Rabiner 等人在 80 年代中期把 HMM 作为语音信号的线性预测编码（LPC）系数和短时谱的模型广泛应用于语音识别[75~77]，才逐渐使 HMM 为世界各国的研究人员所了解和熟悉，进而被应用到模式识别、图像处理的各个领域中。在人脸识别方面，F.Samaria 首先将一维 HMM 模型用于人脸识别研究[78]，并取得了较满意的识别率；Nefian 等人将所提取出的 2D-DCT 特征向量引入 HMM 中进行人脸识别[79]。随后，有许多学者对 HMM 进行了改进，并将改进后的 HMM 应用到人脸识别中，并取得了较好的试验结果[80]。

将 HMM 应用于雷达检测是一个比较新颖的研究内容。Flake 首先将其应用于多孔径 SAR（Multi-Aperture SAR，MASAR）目标的检测[81]。之后，Stein 将其用于海杂波中的目标检测[82]，Runkle 将 HMM

用于目标识别[83]，裴炳南将 HMM 应用于高距离分辨力雷达[84]。另外 Runkle 还将其应用于 SAR 图像处理中[85]。

3.2　隐马尔可夫模型方法基本原理

HMM 是一种用概率统计方法来描述时变信号过程的模型，是马尔可夫过程的模型化，是一个二重马尔可夫随机过程[86]，即一个由两种机理构成的随机过程：一个机理是内在的具有状态转移概率的有限状态马尔可夫链；另一个是一系列随机函数所组成的集合，其中每个函数都与一个状态相联系，马尔可夫链按照转移概率矩阵改变状态。这两种随机过程相互关联，共同描述信号的统计特性，内在马尔可夫链的特征要靠可观测到的信号特征揭示。之所以称为隐马尔可夫模型，是因为观察者只能看到每一状态相关联的随机函数的输出值，而不能观察到马尔可夫链的状态。

Markov 链是 Markov 随机过程的特殊情况，即 Markov 链是状态和时间参数都离散的 Markov 过程。从数学上，可以给出如下定义：

随机序列 X_n，在任一时刻 n，它可以处在状态 $\{\theta_1, \theta_2, \cdots, \theta_N\}$，且在 $m+k$ 时刻所处的状态为 q_{m+k} 的概率，只与它在 m 时刻的状态 q_m 有关，而与 m 时刻以前所处状态无关，即有

$$P(X_{m+k} = q_{m+k} \mid X_m = q_m, X_{m-1} = q_{m-1}, \cdots, X_1 = q_1) = P(X_{m+k} = q_{m+k} \mid X_m = q_m)$$

$$(\,3\text{-}1\,)$$

其中 $q_k \in \{\theta_1, \theta_2, \cdots, \theta_N\}$。称 X_N 为 Markov 链，并且称

$$P_{i,j}(m, m+k) = P(q_{m+k} = \theta_j \mid q_m = \theta_i),\ 1 \leqslant i, j \leqslant N \qquad (\,3\text{-}2\,)$$

为 k 步转移概率。当 $P_{i,j}(m, m+k)$ 与 m 无关时，称这个 Markov 链为齐次 Markov 链，此时

$$P_{i,j}(m, m+k) = P_{i,j}(k) \qquad (3\text{-}3)$$

一般情况下，Markov 链是指齐次 Markov 链。当 $k=1$ 时，$P_{i,j}(1)$ 称为 1 步转移概率，简称为转移概率，记为 a_{ij}。所有转移概率 a_{ij}，$1 \leqslant i, j \leqslant N$ 可以构成一个转移概率矩阵，

$$A = \begin{bmatrix} a_{11} & \cdots & a_{1N} \\ \vdots & & \vdots \\ a_{N1} & & a_{NN} \end{bmatrix} \qquad (3\text{-}4)$$

且有

$$1 \leqslant a_{ij} \leqslant N, \ \sum_{j=1}^{N} a_{ij} = 1$$

由于 k 步转移概率 $P_{ij}(k)$ 可由转移概率 a_{ij} 得到，因此，描述 Markov 链的最重要参数就是转移概率矩阵 A。但 A 矩阵还不能决定初始分布，即只有 A 求不出 $q_1 = \theta_1$ 的概率。这样，完全描述 Markov 链，除 A 矩阵之外，还必须引入初始概率矢量 $\boldsymbol{\pi} = (\pi_1, \cdots, \pi_N)$，其中

$$\pi_i = P(q_i = \theta_i), \ 1 \leqslant i \leqslant N \qquad (3\text{-}5)$$

实际中，Markov 链的每一状态可以对应于一个可观察到的物理事件。比如天气预测中的雨、晴、雪等，那么，这时它可以称为天气预报的 Markov 模型。根据这个模型，可以算出各种天气（状态）在某一时刻出现的概率。

3.2.1　HMM 的基本概念

一个 HMM 可以由下列参数描述[77]：

（1）N：模型中 Markov 链状态数目。记 N 个状态为 $\theta_1, \cdots, \theta_N$，记 t 时刻 Markov 链所处的状态为 q_t，$q_t \in (\theta_1, \cdots, \theta_N)$。

（2）M：每个状态对应的可能的观察值数目。记 M 个观察值为 $V_1,\cdots,V_M$，记 t 时刻观察值为 $O_t, O_t \in (V_1,\cdots,V_M)$。

（3）π：初始概率矢量 $\boldsymbol{\pi} = (\pi_1,\cdots,\pi_N)$，其中 $\pi_i = P(q_i = \theta_i), 1 \leqslant i \leqslant N$。

（4）A：状态转移概率矩阵 $\boldsymbol{A} = (a_{ij})_{N \times N}$，其中 $a_{ij} = P(q_{t+1} = \theta_j \mid q_t = \theta_i)$，$1 \leqslant i, j \leqslant N$。

（5）B：观测值概率矩阵，$\boldsymbol{B} = (b_{ij})_{N \times N}$，其中，$b_{jk} = P(O_t = V_k \mid q_t = \theta_j)$。

这样可以记一个 HMM 为 $\lambda = (N, M, \pi, A, B)$ 或者简写为 $\lambda = (\pi, A, B)$。更形象地说，HMM 可以分为两个部分，一个是 Markov 链，由 π, A 描述，产生的输出为状态序列；另一个是随机过程，由 B 描述，产生的输出为观察值序列。如图 3.1 所示，T 为观察时间长度。

图 3.1　HMM 结构示意图

3.2.2　马尔可夫链的形状

如图 3.1 所示，HMM 由两个部分组成，其一为马尔可夫链，它由 π, A 描述。显然，不同的 π, A 决定了马尔可夫链不同的形状。几种比较典型的马尔可夫链如图 3.2 所示，它们各具特色。图 3.2（a）所示马尔可夫链从任一状态出发，在下一时刻可以到达任一状态，对应于状态转移概率矩阵没有零值。图 3.2（b）所示马尔可夫链则有些不同，比如，从状态 1 出发，下一时刻不可能到达状态 4，也就是说，状态转移概率矩阵含有零元素。由这种马尔可夫链构成的 HMM 称为循环模型（circular models），在雷达目标检测中一般使用这种结构。图 3.2（c）和 3.2（d）是两种特殊的马尔可夫链，其特点为：必定从状态 1 出发，沿状态序号增加的方向转移，最终停在状态 4。由这种马尔可夫链构成的 HMM，一般称为左-右模型（left-to-right models）。在模式识别中，如字符识别、人脸识别一般都是采用图 3.2（d）这种马尔可夫链结构。

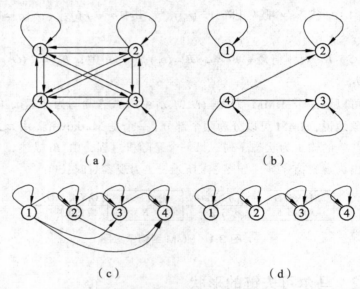

图 3.2   几种典型的马尔可夫链示意图（$N = 4$）

3.2.3   隐马尔可夫链的三个基本算法

建立一个 HMM 模型以后，有两个与检测相关的基本问题需要解决，然后才能够在具体的应用中得到使用。

第一个是解码问题：对于给定的模型 $\lambda = (\boldsymbol{\pi}, \boldsymbol{A}, \boldsymbol{B})$ 和给定的观察值序列 $O = (O_1, O_2, \cdots, O_T)$，采用什么作为取得结论的判据。此观察序列最可能是由怎样的状态序列 $Q = (q_1, q_2, \cdots, q_T)$ 产生，通常认为最可能产生它的状态序列就是按

$$O = (O_1, O_2, \cdots, O_T) : \pi_{q1} b_{q1}(O_1) a_{q1q2} b_{q2}(O_2) \cdots a_{qT-1qT} b_{qT}(O_T)$$

计算的概率值最大的一个序列 $Q = (q_1, q_2, \cdots, q_T)$ 作为判决产生的。原理上说，解决此问题的方法也很简单：把每条可能的路径的概率都求出来，然后取得概率最大的一条路径便是所求。这种"穷举法"的问题计算量过大，所以解决这一问题的关键仍然是递推算法。实际上更常采用的是逐步搜索前进的 Viterbi 算法。

Viterbi 算法解决了给定一个观察值序列 $O = (O_1, O_2, \cdots, O_T)$ 以及一个模型 $\lambda = (\pi, A, B)$ 时，在最佳意义上确定一个状态序列 $Q = (q_1^*, q_2^*, \cdots, q_T^*)$ 的问题。"最佳"的意义有很多种，由不同的定义可以得到不同的结论。这里讨论的最佳意义上的状态序列 Q^*，是指使 $P(Q, Q \mid \lambda)$ 最大时确定的状态序列 $Q = (q_1^*, q_2^*, \cdots, q_T^*)$。Vitrebi 算法可以叙述如下：

定义 $\delta_t(i)$ 为时刻 t 时沿一条路径 $q_1, q_2, \cdots, q_t$，且 $q_t = \theta_i$，产生出 $O_1, O_2, \cdots, O_t$ 的最大概率，即有

$$\delta_t(i) = \max_{q_1, q_2, \cdots, q_{t-1}} P(q_1, q_2, \cdots, q_t, q_t = \theta_i, O_1, O_2, \cdots, O_t \mid \lambda) \quad (3\text{-}6)$$

那么，求取最佳状态序列 Q^* 的过程如下：

初始化：

$$\delta_1(i) = \pi_i b_i(O_1), \ 1 \leqslant i \leqslant N; \ \varphi_1(i) = 0, \ 1 \leqslant i \leqslant N$$

递归

$$\delta_t(j) = \max_{(1 \leqslant i \leqslant N)} [\delta_{t-1}(i) a_{ij}] b_j(O_t), \ 2 \leqslant t \leqslant T, \ 1 \leqslant j \leqslant N$$

$$\varphi_t(j) = \operatorname*{argmax}_{1 \leqslant i \leqslant N} [\delta_{t-1}(i) a_{ij}], \ 2 \leqslant t \leqslant T, \ 1 \leqslant j \leqslant N$$

终结

$$P^* = \max_{1 \leqslant i \leqslant N} [\delta_T(i)], \ q_T^* = \operatorname*{argmax}_{1 \leqslant i \leqslant N} [\delta_T(i)]$$

状态序列求取

$$q_t^* = \varphi_{t+1}(q_{t+1}^*), \ t = T-1, T-2, \cdots, 1$$

由于 Viterbi 算法速度较快，而且能够计算出最佳的状态序列，因此实际使用中常常使用该算法。

第二个是学习问题（或称识别或训练问题）：对于给定的一组观察值序列 $O = (O_1, O_2, \cdots, O_T)$，作为训练集来优化 HMM 的参数 $\lambda = (\pi, A, B)$，使得观察值出现的概率 $P(O \mid \lambda)$ 最大。其中要采用一种优化调节步骤。优化算法不止一种，其中 Baum-Welch 算法（也称前、后向算法）是一种基于期望调节（expectation modification）概念的算法。

这个算法实际上解决的是 HMM 的训练问题，即 HMM 参数估计问题，或者说，给定一个观察值序列 $O = (O_1, O_2, \cdots, O_T)$，该算法能够确定一个 $\lambda = (\pi, A, B)$ 使得 $P(O \mid \lambda)$ 最大。

定义前向变量，

$$a_t(i) = P(O_1, O_2, \cdots, O_t, q_t = \theta_i \mid \lambda), \ 1 \leqslant t \leqslant T \qquad (3\text{-}7)$$

也就是在给定的 HMM 模型 λ 后，部分观察值序列 $O_1, O_2, \cdots, O_t$（到时间 t）和在时间 t 时的状态 S_t 的概率。

类似地，定义后向变量为

$$\beta_t(i) = P(O_{t+1}, O_{t+2}, \cdots, O_T, q_t = \theta_i \mid \lambda), \ 1 \leqslant t \leqslant T-1 \qquad (3\text{-}8)$$

其中 $\beta_T(i) = 1$。

显然，由式（3-7）和（3-8）定义的前向和后向变量，有

$$P(O \mid \lambda) = \sum_{i=1}^{N} \sum_{j=1}^{N} a_t(i) a_{ij} b_j(O_{t+1}) \beta_{t+1}(j), \ 1 \leqslant t \leqslant T-1 \qquad (3\text{-}9)$$

这里，求取 λ 使 $P(O \mid \lambda)$ 最大，是一个范函极值问题。但是，由于给

定的训练序列有限，因而不存在一个最佳方法来估计 λ。在这种情况下，Baum-Welch 算法利用递归思想使 λ 局部极大，最后得到模型参数 $\lambda = (\pi, \boldsymbol{A}, \boldsymbol{B})$。此外，用梯度方法也可以达到类似的目的。

定义 $\xi_t(i, j)$ 为给定训练序列 O 和模型 λ 时，t 时刻马尔可夫链处于 θ_i 状态和 $t+1$ 时刻为 θ_j 状态的概率，即

$$\xi_t(i, j) = P(O, q_t = \theta_i, q_{t+1} = \theta_j \mid \lambda) \tag{3-10}$$

可以推导出：

$$\xi_t(i, j) = \frac{[a_t(i) a_{ij} b_j(O_{t+1}) \beta_{t+1}(j)]}{P(O \mid \lambda)} \tag{3-11}$$

那么，时刻 t 马尔可夫链处于 θ_i 的概率为

$$\xi_t(i) = P(O, q_t = \theta_i \mid \lambda) = \sum_{j=1}^{N} \xi_t(i, j) = \frac{a_t(i) \beta_t(i)}{P(O \mid \lambda)} \tag{3-12}$$

因此，$\sum_{t=1}^{T-1} \xi_t(i)$ 表示从 θ_i 状态转移出去的次数的期望值，而 $\sum_{t=1}^{T-1} \xi_t(i, j)$ 表示从状态 θ_i 转移到 θ_j 状态的次数的期望值。由此可以导出 Baum-Welch 算法中著名的重估（reestimation）[77]公式：

$$\begin{cases} \pi_i' = \xi_1(i) \\[2mm] a_{ij}' = \dfrac{\displaystyle\sum_{t=1}^{T-1} \xi_t(i, j)}{\displaystyle\sum_{t=1}^{T-1} \xi_t(i)} \\[4mm] b_{jk}' = \dfrac{\displaystyle\sum_{t=1 \text{且} O_t = V_k}^{T} \xi_t(j)}{\displaystyle\sum_{t=1}^{T-1} \xi_t(j)} \end{cases} \tag{3-13}$$

那么 HMM 参数 $\lambda = (\pi, \boldsymbol{A}, \boldsymbol{B})$ 的求取过程为：根据观察值序列 O 和

选取的初始模型 $\lambda = (\pi, \mathbf{A}, \mathbf{B})$ 由重估公式（3-13），求得一组新参数 π_i', a_{ij}', b_{jk}'，这样也就得到一个新的模型 $\lambda = (\pi', \mathbf{A}', \mathbf{B}')$。可以证明，$P(O|\lambda') > P(O|\lambda)$，即重估公式得到的模型在表现观察值序列 O 方面要好。那么重复这个过程，逐步改进模型参数，直到 $P(O|\lambda)$ 收敛，即不再明显增大，此时的模型就是所求的模型。

实际中，训练一个 HMM，经常是用到不止一个观察值序列，那么，对于 L 个观察值序列训练 HMM 时，要对 Baum-Welch 算法的重估公式（3-13）加以修正。设 L 个观察值序列为 $O^{(l)}, l = 1, 2, \cdots, L$，其中 $O^{(l)} = O_1^{(l)}, O_2^{(l)}, \cdots, O_T^{(l)}$，假定各个观察值序列独立，此时有

$$P(O|\lambda) = \prod_{l=1}^{L} P(O^{(l)}|\lambda) \tag{3-14}$$

由于重估公式是以不同事件的频率为基础的，因此，对 L 个训练样本序列，重估公式修正为

$$\begin{cases} \pi_i' = \dfrac{\sum a_1^{(l)}(i)\beta_1^l(i)}{P(O^{(l)}|\lambda)}, \ 1 \leqslant i \leqslant N \\[4mm] a_{ij}' = \dfrac{\sum\limits_{l=1}^{L}\sum\limits_{i=1}^{T_l-1} a_t^{(l)}(i)a_{ij}b_j(O_{t+1}^{(l)})\beta_{t+1}^{(l)}(j) \Big/ P(O^{(l)}|\lambda)}{\sum\limits_{l=1}^{L}\sum\limits_{i=1}^{T_l-1} a_t^{(l)}(i)\beta_t^{(l)}(i) \Big/ P(O^{(l)}|\lambda)}, \ 1 \leqslant i, j \leqslant N \\[6mm] b_{jk}' = \dfrac{\sum\limits_{l=1}^{L}\sum\limits_{i=1}^{T_l} a_t^{(l)}(j)\beta_t^{(l)}(j) \Big/ P(O^{(l)}|\lambda)}{\sum\limits_{l=1}^{L}\sum\limits_{i=1}^{T_l-1} a_t^{(l)}(i)\beta_t^{(l)}(i) \Big/ P(O^{(l)}|\lambda)}, \ 1 \leqslant j \leqslant N, \ 1 \leqslant k \leqslant M \end{cases} \tag{3-15}$$

应当指出，HMM 训练，或者称为参数估计问题，是 HMM 在应用中的关键问题，是最困难的一个问题，Baum-Welch 算法也只是在广泛应用方面解决这个问题的经典方法，但不是唯一的。

3.3　MIMO 雷达中使用隐马尔可夫模型的检测方法

在 MIMO 雷达中，接收天线间距拉大，雷达目标相对于不同的接收天线的姿态角不同，目标的散射特性不同，每个天线接收到信号强度的变化很大；而杂波的散射特性基本一致，每个天线接收到信号强度的变化很小。本节根据 MIMO 雷达的接收信号这一特点，提出用隐马尔可夫模型（HMM）对目标和杂波分别建模，实现对目标的检测。

3.3.1　目标和杂波散射特性分析

雷达目标散射的回波体现出各向异性，也就是在某些方向上目标反射的电磁波能量较大，而另一些方向上的电磁波能量小。对于一个尺寸为 L 的两平面目标被波长为 λ 的电磁波照射，雷达目标散射的电磁场的半功率宽度约为 $\lambda/2L$ [87]。这种在某些角度目标散射信号的能量变强的现象称为闪烁。闪烁现象对于目标和自然物体都存在，但是目标的闪烁幅度比自然物体更强，因此，目标的回波各向异性比自然物体更强[87, 88]。在 SAR 的研究中，外场飞行试验数据[89]和目标的散射特性分析都表明，目标的散射回波在方位上呈现各向异性，回波能量高度集中于某一个角度的接收天线，而杂波基本上不随方位角变化，在方位上呈现各向同性，每个天线接收到的信号强度基本一致。本文提出的基于 HMM 的检测方法正是利用了目标回波的各向异性，在低信噪比情况下比传统的检测方法获得更高的检测性能。

3.3.2　用 HMM 进行 MIMO 雷达目标检测的原理

假设 MIMO 雷达接收阵列由 N 个天线组成，这些天线的间距很大，它们从不同的角度观测目标，如图 3.3 所示。

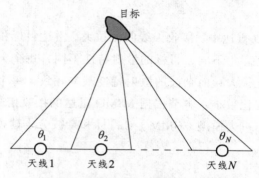

图 3.3   MIMO 雷达接收天线示意图

每个天线回波信号的包络分别为

$$\{v(1), v(2), \cdots, v(N)\} \tag{3-16}$$

每个天线信号可以用 HMM 的一个状态 $\theta_i, (1 \leqslant i \leqslant N)$ 来描述，输出值可以用 HMM 的观测值描述，$v \in V_i$，V_i 为第 i 个天线的可能输出值的集合。每个天线接收信号组成的序列称为一个轨迹。目标的轨迹体现出各向异性，而杂波的轨迹为各向同性，这一点可以从图 3.4 看出[81]。本文根据这一特点，用不同的 HMM 分别对目标和杂波进行建模，然后对天线接收阵列信号进行检测。目标在各个天线的回波信号强度起伏较大，而杂波轨迹由于是各向同性的，在每个天线的回波强度变化不大。

类似于 MASAR 的检测[81]，可以用循环型 HMM 或者左右型HMM 来对目标建模，而用单状态 HMM 对杂波建模，如果有多种类型的杂波，可以用多个 HMM 分别对其建模。通过已知的信号轨迹训练调整 HMM 的参数 $\lambda = (\pi, A, B)$，使设计的 HMM 能最好地描述一个信号类，这是一个模型参数优化问题，可以用 Baum-Welch 算法解决[86]。建立了目标和杂波的 HMM，$\lambda_{\text{targ}}, \lambda_{\text{clut1}}, \lambda_{\text{clut2}}, \cdots$ 对需要检测的轨迹（接收信号的包络序列），选择与其最匹配的模型，实现检测轨迹的分类，即要计算一个已知模型产生一个观测值序列的概率。这是一个评估问题，可以用前向-后向算法精确计算或用 Viterbi 算法来估计[81]。实现了轨迹的分类，也就完成了信号的检测。

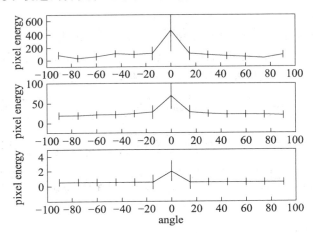

图 3.4　三种物体的反射回波能量，从上到下依次为目标、树木、草地[81]

3.3.3　基于 HMM 的 MIMO 雷达目标检测实现步骤

基于 HMM 的 MIMO 雷达目标检测分成三个过程：

（1）量化预处理过程，对天线信号的包络归一化后进行量化处理。

由于 HMM 输出的可能值是有限的（取观测符号集的一个值），为得到训练模型和检测目标所需要的观测值序列，必须先对每个天线信号包络进行归一化再量化预处理，将信号的强度映射为观测符号集有限的取值中的一个值。这样，信号的强度值抽象为一般意义上的离散的观测符号，再使每个天线的观测符号组成轨迹，将轨迹视为 HMM 理论的观测值序列，完成预处理。首先对天线收到的信号进行

A/D 变换、匹配滤波等常规处理，然后将结果映射到符号集合。这里的信号或者是杂波和目标回波混合信号，或者是单纯的杂波回波信号，其中杂波信号用于对 HMM 模型进行训练。

（2）训练建模过程，用不同类别物体的轨迹训练出代表不同物体类的 HMM。

针对目标和不同类型的杂波代表的不同物体类，用 Baum-Welch 算法分别训练代表这些物体类的观测值序列，建立目标、不同类型的杂波对应不同的 HMM，训练模型的流程如图 3.5 所示。

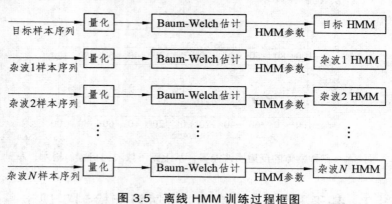

图 3.5　离线 HMM 训练过程框图

根据目标的姿态角不同，目标散射的闪烁现象可能出现在不同的天线，所以不同姿态角目标的轨迹的尖峰可能出现在不同天线。如果用左右状态型 HMM 表示目标，在训练建模的时候，先将所有训练样本的轨迹尖峰平移到同一个天线（如第三个天线），用经过平移后的物体轨迹作为训练样本，这样才能建立与目标姿态角无关的目标模型，待检测物体的轨迹同样要经过平移预处理后再进行检测。

单状态退化的 HMM 不再具有 HMM 固有的序列特征，是最适合的杂波模型。目标的轨迹经过平移后，左-右形式的 HMM 和状态循环形式的 HMM 都能对目标信号准确建模，并用状态的输出概率来表示天线所有可能的信号包络幅度值。

训练过程首先需要选定目标信号和杂波信号的 HMM 模型，如状态值数目、观测值数目等。然后使用杂波样本序列用 Baum-Welch 方法对模型参数进行估计。

（3）用训练好的 HMM 对待检测物体进行检测，就是用训练好的模型对未分类的物体轨迹进行检测。

具体来说，首先用 Veteribi 算法算出待检测物体轨迹由每个训练好的 HMM 产生的概率，分别记为 $P(s/\lambda_{t\,\mathrm{arg}})$，$P(s/\lambda_{\mathrm{clut1}})$，$P(s/\lambda_{\mathrm{clut2}})$，$\cdots$，$P(s/\lambda_{\mathrm{clut}N})$ 定义检测统计量

$$\Lambda(s) = \frac{P(s/\lambda_{t\,\mathrm{arg}})}{P(s/\lambda_{\mathrm{clut1}}) + \cdots + P(s/\lambda_{\mathrm{clut}N})} \tag{3-17}$$

若 $\Lambda(s)$ 大于某一门限，则判断该物体为目标，否则判断该物体为杂波。这个门限由虚警概率确定，具体流程如图 3.6 所示：

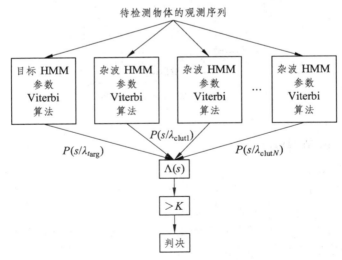

图 3.6　在线 HMM 检测流程图

3.3.4   仿真实验

在仿真实验中，假设 MIMO 雷达的有 6 个接收天线和 2 种类型的杂波，杂波用退化的单状态 HMM 表示，分别用 1 000 个样本进行训练。而目标用 6 状态循环的 HMM 表示，用 10 个样本轨迹训练。设定虚警概率为 10^{-6}。

本文比较了理论上的传统 CFAR 检测性能与 HMM 检测的性能，结果如图 3.7 所示。可以看到，HMM 检测方法性能明显优于传统的 CFAR 检测，特别是在信杂比小的情况下。

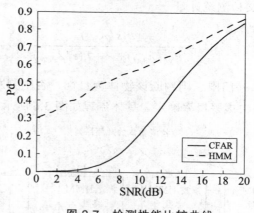

图 3.7   检测性能比较曲线

3.4   本章小结

基于 HMM 的 MIMO 雷达目标检测是通过区分不同物体类的 HMM 来实现目标的检测，目标和背景杂波的各向异性和各向同性所反映出的差异体现在模型的参数上，这样就把目标和背景杂波间的差异的描述建立在统计学基础上。本章提出的方法利用了 MIMO 雷达的接收天线从不同的角度观测目标，目标散射呈各向异性，而杂波则呈现各向同性，因此可以用不同的 HMM 对目标和杂波分别建模，然后用训练序列对模型训练，得出模型参数，最后用已知参数的模型对待检测的回波序列检测。此方法的一个优势是计算量小。虽然训练需要大量的计算，但这个计算是离线进行的。在检测的时候，使用 Viterbi 算法，计算量很小，有利于目标的实时检测。注意到 HMM 检测方法利用了天线间距很大的特点，因此这种方法不能用于发射分集的 MIMO 雷达中。

第4章

基于正交波形的发射分集MIMO
雷达检测性能研究

前两章研究了收发全分集的 MIMO 雷达，从本章开始，研究基于正交波形的发射分集 MIMO 雷达。以下各章中，凡未特别指出，MIMO 雷达都指的是正交波形的发射分集 MIMO 雷达。本章主要研究 MIMO 雷达原理特点及检测性能。

基于正交波形的发射分集 MIMO 雷达首先由林肯实验室的学者提出。发射分集 MIMO 雷达的发射天线发射相互正交的信号，因此发射信号不能在空间叠加形成高增益波束，而是形成宽波束。在接收端，通过匹配滤波处理来恢复各发射信号分量，并通过 DBF 来形成同时数字多波束，以覆盖发射波束所照射的区域。发射分集 MIMO 雷达不强调阵元间发射信号的相互独立性，而是在传统相控阵雷达基础上要求各阵元发射的波形相互正交，接收时用相同的阵面，且不要求增大阵元间距来使各阵元信号相互独立。相反，为了在接收时形成同时多波束，该方案反而充分利用了各阵元信号的相干性，这与 MIMO 技术空间分集特点恰恰相反。

发射分集 MIMO 雷达能解决雷达所面临的抗截获，强杂波中的弱目标探测、低速目标检测等问题，其在 DOA 估计及自适应干扰抑制等方面也有值得研究的课题。本章首先对发射分集 MIMO 雷达的原理及信号处理进行详细分析，并在此基础上，对发射分集 MIMO 雷达相对于相控阵雷达的性能改善情况和动态范围需求的改善进行分析。然后对发射分集 MIMO 雷达的检测性能进行研究。最后介绍发射分集的 MIMO 雷达仿真系统，并用仿真系统对 MIMO 雷达的优点进行验证。

4.1　发射分集 MIMO 雷达的原理

发射分集 MIMO 雷达的基本原理如图 4.1 所示，发射时将雷达阵列分成 M 个子阵（或阵元），通过对数字收发单元的控制，使每个子阵发射的波形 $s_1(t), s_2(t), \cdots, s_M(t)$ 相互正交。各子阵信号由于相互正交，在空间不能同相位叠加合成高增益的窄波束，而是形成如图 4.1 所示的低增益宽波束。由于阵面被分成 M 个子阵，波束主瓣增益将减小 M 倍，发射功率被分散到 M 个子阵，每个子阵发射功率为原发射总功率的 $1/M$。

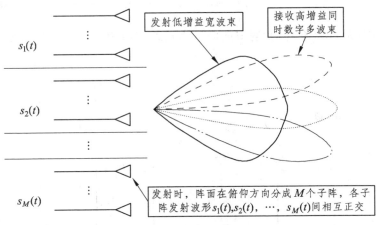

图 4.1　MIMO 雷达原理示意图

在接收时，MIMO 雷达采用数字延时或 DBF 技术形成多个高增益的接收波束，多波束将覆盖发射波束所覆盖的空域范围。为了实现同样的作用距离，需进行 M 倍的脉冲积累，但与常规相控阵雷达相比，二者的搜索威力范围相同，一个是空间上的波束扫描，另一个是时间上的脉冲积累。

根据上面描述的原理，假设 MIMO 收发阵列如图 4.2 所示，其中有 M 个发射阵元（子阵），N 个接收阵元（子阵）。发射的正交波形分别为 $s_1(t), s_2(t), \cdots, s_M(t)$，假设发射信号为窄带信号，因此到达目标的信号为

$$p(t) = \alpha_1 \sum_{m=1}^{M} s_m(t - \tau_m) \qquad (4\text{-}1)$$

$$\tau_m = \frac{(m-1)d\sin\theta}{c} \qquad (4\text{-}2)$$

其中 τ_m 为从第 m（$m = 1, \cdots, M$）个阵元发射的波形相对于参考阵元达到目标的延迟，α_1 为衰减因子，假设对各信号相同，因此有

$$p(t) = \alpha_1 \sum_{m=1}^{M} s_m(t)\alpha_m(\theta) \qquad (4\text{-}3)$$

其中 θ 是目标角度，发射方向向量为 $\boldsymbol{a}(\theta) = [1, \mathrm{e}^{-\mathrm{j}\phi}, \cdots, \mathrm{e}^{-\mathrm{j}(M-1)\phi}]^{\mathrm{T}}$，$\alpha_m(\theta)$

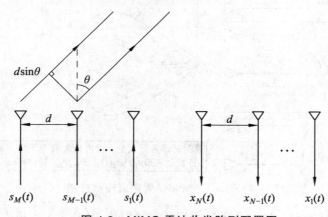

图 4.2　MIMO 雷达收发阵列配置图

为 $\boldsymbol{a}(\theta)$ 的第 m 个元素，$\phi = 2\pi d \sin\theta / \lambda$ 为发射通道间的空间相位差。

信号 $p(t)$ 经 RCS 为 σ 的目标散射，则第 n 个阵元接收到的信号为

$$x_n(t) = \alpha_2 \cdot p(t - \tau_n) = \alpha_2 \cdot p(t)\mathrm{e}^{-\mathrm{j}\phi_n} \qquad (4\text{-}4)$$

$$\phi_n = \frac{2\pi d \sin\theta}{\lambda}(n-1) \qquad (4\text{-}5)$$

其中 τ_n 为目标到达第 n（$n = 1, \cdots, N$）个接收阵元相对于参考阵元的延迟，α_2 可看作目标散射系数和传播损耗的总和，则接收信号向量为

$$\boldsymbol{x}(t) = \alpha_2 \cdot \boldsymbol{b}(\theta) \cdot p(t) + \boldsymbol{v}(t) \qquad (4\text{-}6)$$

其中

$$\boldsymbol{x}(t) = [x_1(t), x_2(t), \cdots, x_N(t)]^{\mathrm{T}} \qquad (4\text{-}7)$$

$$\boldsymbol{b}(\theta) = [1, \mathrm{e}^{-\mathrm{j}\phi}, \cdots, \mathrm{e}^{-\mathrm{j}(N-1)\phi}]^{\mathrm{T}} \qquad (4\text{-}8)$$

$$\boldsymbol{v}(t) = [v_1(t), v_2(t), \cdots, v_N(t)]^{\mathrm{T}} \qquad (4\text{-}9)$$

其中 $[\cdot]^{\mathrm{T}}$ 表示转置操作，因此有

$$\boldsymbol{x}(t) = \alpha \cdot \boldsymbol{b}(\theta) \sum_{m=1}^{M} s_m(t)\alpha_m(\theta) + \boldsymbol{v}(t) \qquad (4\text{-}10)$$

其中 $\boldsymbol{b}(\theta)$ 是 $N \times 1$ 的接收阵列方向向量，$\boldsymbol{v}(t)$ 是噪声向量，$\alpha = \alpha_1\alpha_2$。

接下来的匹配滤波将产生 MN 个输出，将输出合成为一个向量，有

$$z = \alpha[\boldsymbol{b}(\theta) \otimes \boldsymbol{a}(\theta)]\delta + \boldsymbol{v}' \qquad (4\text{-}11)$$

其中 δ 为 delta 函数，$\boldsymbol{v}'$ 为噪声向量。如果在 θ 方向上形成接收波束，则其输出为

$$y(\theta) = [\boldsymbol{b}(\theta) \otimes \boldsymbol{a}(\theta)]^{\mathrm{H}} z \qquad (4\text{-}12)$$

其中 $[\cdot]^{\mathrm{H}}$ 表示复共轭转置。

MIMO 雷达的处理[26]示意框图如图 4.3 所示。

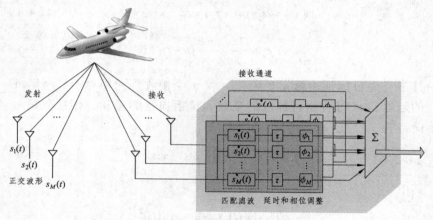

图 4.3　MIMO 雷达处理示意图

4.2　发射分集 MIMO 雷达的特点

与传统相控阵雷达相比，发射分集 MIMO 雷达的主要特点体现在以下几个方面[26]：

1）雷达抗截获性能明显提高

设雷达的发射总功率为 P，发射阵元数为 M，则每根发射天线的发射功率为 P/M。设单个发射天线功率增益为 G_t，发射阵列功率增益（波束形成产生的增益）为 G_A，则在主波束方向，距离发射天线 R 处的功率密度 S 可表示为

$$S = G_A \frac{G_t(P/M)}{4\pi R^2}$$

对于发射阵元数为 M ，分 L 个子阵，发射总功率为 P 的 MIMO 雷达，每个子阵经发射波束形成获得的阵列功率增益为 $\left(\dfrac{M}{L}\right)^2$ ，而 L 个子阵发射的相互正交的信号在空间进行功率叠加，又将获得 L 倍的功率增益。因此 MIMO 雷达在主波束方向，距离发射天线 R 处的功率密度 S_{MIMO} 为

$$S_{\mathrm{MIMO}} = L \cdot \left(\frac{M}{L}\right)^2 \cdot \frac{G_t(P/M)}{4\pi R^2} = \frac{M}{L} \cdot \frac{G_t P}{4\pi R^2} \qquad (4\text{-}13)$$

对于发射阵元数为 M ，发射总功率为 P 的相控阵雷达，经发射波束形成后获得的发射阵列功率增益为 M^2 。因此相控阵雷达在主波束方向，距离发射天线 R 处的功率密度 S_{PA} 为

$$S_{PA} = M^2 \cdot \frac{G_t(P/M)}{4\pi R^2} = M \cdot \frac{G_t P}{4\pi R^2} \qquad (4\text{-}14)$$

由此可见，对于发射总功率和发射阵元数相同的 MIMO 雷达和相控阵雷达，在主波束方向，MIMO 雷达的空间功率密度只为相控阵雷达的 $1/L$ 。

在不考虑雷达采取其他 LPI 措施的情况下，假设 MIMO 雷达在 R_1 处的功率密度和相控阵雷达在 R_2 处的功率密度相等，即

$$\frac{M}{L} \cdot \frac{G_t P}{4\pi R_1^2} = M \cdot \frac{G_t P}{4\pi R_2^2}$$

由此可以推出：

$$R_1 = \frac{1}{\sqrt{L}} R_2$$

2）雷达检测弱目标的能力提高

设雷达接收通道的动态范围为 DR ，接收到的最大杂波功率为

P_c(dB)，为使杂波功率无饱和限幅失真，则雷达系统可检测的最小目标功率为 $P_c - DR$(dB)。当采用发射分集 MIMO 模式时，由于子阵发射功率和方向图增益均降低 M 倍（M 为正交发射通道数），因此接收到的杂波功率将降低，即对同样的接收通道动态范围 DR，可使雷达系统接收和检测更小 RCS 的目标信号。

3）雷达的速度分辨力提高，有利于在强杂波中检测低速目标（如坦克、舰船等）

本文用主瓣的 3 dB 带宽来表达速度相近目标的分辨能力。要使速度分辨力提高，必须使信号在时域上占有较长的持续时间。

前已述及，由于 MIMO 雷达在发射端为低增益宽波束，因而在相同距离处有更小的信号功率，即被截获的距离更小，理论上信号被截获距离降为普通相控阵的 $1/M$（M 是发射子阵数）。因此在相同的截获概率条件下，MIMO 雷达允许有更长的积累时间。或者说，为了达到与普通相控阵雷达相同的作用距离，必须进行 M 倍的脉冲积累，由于脉冲个数增加 M 倍，对应的傅氏变换频率的分辨率提高 M 倍，这样可以使其速度分辨力提高 M 倍，同时也可以提高低速目标的检测能力。两种模式下的理论速度分辨力分别为

$$v_{\text{phase}} = \frac{f_r \lambda}{2N_p} \qquad (4\text{-}15)$$

$$v_{\text{mimo}} = \frac{f_r \lambda}{2N_p M} \qquad (4\text{-}16)$$

其中 f_r 为脉冲重复频率，λ 为雷达工作波长，N_p 为三脉冲对消后的脉冲重复数。

4）降低系统前端对系统杂散的指标要求

雷达系统的非理想因素主要包括频率稳定度、相位噪声和系统杂散。在作者研究过程中，通过仿真试验发现 MIMO 雷达系统在降

低频率稳定度、相位噪声等方面对传统相控阵并无优势，因此本文主要研究 MIMO 雷达系统在降低系统杂散方面的优势。首先建立杂散的信号模型，并进行理论分析。然后通过仿真实验验证 MIMO 雷达的优势。

目前在强杂波中检测目标的常用技术是 MTI 或 MTD，该技术对雷达系统前端的频率稳定度、相位噪声和系统杂散等指标有极高的要求。在相控阵中，由于发射机发射相同的信号，信号的杂散也相同，在接收机端处理时对杂散有相干积累作用。而 MIMO 雷达每个天线发射信号独立，杂散也各不相同；在接收天线端，杂散不能相干积累，因此在杂散对检测影响相同的情况下，MIMO 雷达对杂散等指标的要求则可降低。

有杂散的发射信号可以表示为

$$s(t) = E_0 e^{j(2\pi f_0 t + \frac{1}{2}\mu t^2)} + b_m e^{j(2\pi(f_0 + f_m)t + \frac{1}{2}\mu t^2)} \tag{4-17}$$

其中第一项为理想的线性调频信号，第二项为信号的杂散。杂散的强度为 b_m，杂散的频率偏差为 f_m。

信号经过匹配滤波的输出为[90]

$$g(t) = E_0^2 e^{j\pi(kt(T-t)-\mu t^2)} \cdot \frac{\sin(\pi \mu t(T-|t|))}{\pi \mu t(T-|t|)}(T-|t|)$$

$$+ E_0 \cdot b_m e^{j\pi((f_m - kt)(T-t)-\mu t^2)} \cdot \frac{\sin(\pi(f_m - \mu t)(T-|t|))}{\pi(f_m - \mu t)(T-|t|)}(T-|t|) \tag{4-18}$$

杂散的影响是产生虚假回波，如（4-18）中的第一项为真实目标回波，第二项为杂散产生的虚假目标回波。虚假回波离真实回波的距离为 $\Delta t = \dfrac{f_m}{\mu}$，相对于真实回波的强度为 b_m / E_0。相控阵雷达发射信号的虚假目标出现在同一位置，相干叠加，产生很强的虚假目标回波。MIMO 雷达发射信号产生的虚假目标不在同一位置，产生多个小的虚假目标，对真实目标检测的影响小。

　　5）相对于相控阵雷达，MIMO 雷达提高了距离分辨力

　　对于频分正交的 LFM 信号，MIMO 雷达经匹配滤波通过波束形成以后的信号是多个信号分量的综合，有宽带效果，带宽比相控阵大，因而将获得更好的距离分辨特性。由于带宽取决于单个 LFM 信号带宽和发射通道间的频率间隔，MIMO 雷达的信号总带宽可以表示为

$$B = B_s + (M-1)f_\Delta \qquad (4\text{-}19)$$

其中 B_s 为单个 LFM 信号的带宽，M 为子阵数，f_Δ 为发射通道间的频率间隔。而相控阵信号的带宽只有 B_s。

　　在后面 4.4 节介绍的仿真系统中，对弱目标检测和杂散性能用仿真进行了验证。

4.3　发射分集 MIMO 雷达检测性能研究

　　本节将对比分析 MIMO 雷达和传统相控阵雷达发射信号特点接收信号处理的流程，并从理论上分析了每个信号处理阶段的信号和噪声情况，最后分析了检测时候的信噪比。从本节的分析可以看出，在采用线性调频信号时，MIMO 雷达检测信噪比与传统雷达的信噪比相同，从而可以获得相同的检测能力。

4.3.1　MIMO 雷达的接收信号处理流程分析

　　MIMO 雷达的接收信号处理流程可以用图 4.4 表示。假设发射天线分成 L_2 个子阵，每个子阵包含 L_1 个天线。每个天线端的接收信号首先经带限滤波器组分离出每个发射信号分量，再在每个接收天线端把多个发射信号加权求和，进行"等效发射波束形成"；然后把多个

接收天线的"发射波束形成"的结果进行接收波束形成，最后进行动目标检测。

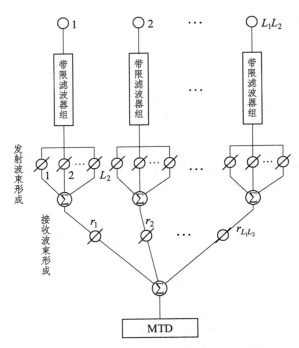

图 4.4　MIMO 雷达接收信号处理流程

为分析方便，假设目标位于主波束指向。$s_{l,m}(t)$ 表示第 l 个子阵的第 m 个天线发射的信号。发射天线波束形成，对每个天线信号移相，即有

$$s_{l,m}(t) = s_l(t)\mathrm{e}^{\mathrm{j}\phi_m} \qquad (4\text{-}20)$$

其中 ϕ_m 为波束指向某个角度 β 的第 m 个天线的移相角度：

$\phi_m = \dfrac{2\pi d\sin\beta}{\lambda}$。设目标位于距离 R_0 处，处于雷达的主波束指向 β，

目标的截面积（RCS）为 σ_t，σ_t 服从 swerling I 模型，目标的反射信

号 $S(t)$ 为 L_2 个正交信号非相干叠加，而每个正交信号又包含了 L_1 信号相干叠加，故它可以表示为

$$S(t) = \sum_{l=1}^{L_2} \left(\sqrt{\frac{p_t \sigma_t}{4\pi R^2}} \sum_{m=1}^{L_1} s_{l,m}(t-\tau) e^{-\phi_m} \right) = \sum_{l=1}^{L_2} \left(L_1 s_l(t-\tau) \sqrt{\frac{p_t \sigma_t}{4\pi R^2}} \right) \quad （4-21）$$

其中 τ 为目标的距离延时。在第 k 个接收天线收到的信号为

$$r_k(t) = S(t) e^{-j\theta_k} = \left(\sum_{l=1}^{L_2} \sqrt{\frac{p_t \sigma_t}{(4\pi R^2)^2}} s_l(t-2\tau) \right) \cdot e^{-j\theta_k} \quad （4-22）$$

在每个接收天线处，经带限滤波器组分离出 L_2 个发射信号分量，对这些信号进行等效"发射波束形成"，第 k 个接收天线端"发射波束形成"输出的信号 $R_k(t)$ 为

$$R_k(t) = \left(\sum_{l=1}^{L_2} s_l(t-2\tau) \cdot e^{-j2\pi f_l t} L_1 \sqrt{\frac{p_t \sigma_t}{(4\pi R^2)^2}} \right) \cdot e^{-j\theta_k}$$

$$= (L_1 L_2) \sqrt{\frac{p_t \sigma_t}{(4\pi R^2)^2}} s_0(t-2\tau) e^{-j\theta_k} \quad （4-23）$$

其中 θ_k 为第 k 个天线的接收信号由于目标的方向引起的相位差异。$L_1 L_2$ 个接收天线端输出的信号 $R_k(t)$ 再经过接收波束形成

$$R_{DBF-t}(t) = \sum_{k=1}^{L_1 L_2} R_k(t) e^{j\theta_k} = (L_1 L_2)^2 s_0(t-2\tau) \sqrt{\frac{p_t \sigma_t}{(4\pi R^2)^2}} \quad （4-24）$$

目标信号经过波束形成后的功率为

$$p_{MIMO-t} = (L_1 L_2)^4 \frac{p_t \sigma_t}{(4\pi R^2)^2} \quad （4-25）$$

波束形成后，经过 MTD 实现动目标检测。设 MIMO 雷达中，脉冲积累个数为 N_1，脉冲重复频率为 f_r，相控阵系统中脉冲积累个数为 N_2，满足关系 $N_1 = L_2 N_2$，第 k 个频率通道的频率响应函数为

$$\left|H_{k-\mathrm{mimo}}(f)\right| = \left|\frac{\sin(\pi N_1(f-f_k)/f_r)}{\sin(\pi(f-f_k)/f_r)}\right| \tag{4-26}$$

设目标的多普勒频率为 f_d，则当 $f_k - f_r\big/2N_1 \leqslant f_d \leqslant f_k + f_r\big/2N_1$ 时，第 k 个频率通道输出最大。在这个频率通道，目标信号的平均功率为

$$p_{\mathrm{T}} = \frac{p_{\mathrm{MIMO}-t}\int_{f_k-f_r/2N_1}^{f_k+f_r/2N_1}\left|H_{k-\mathrm{mimo}}(f)\right|^2\mathrm{d}f}{f_r/N_1} \tag{4-27}$$

噪声信号经过 MTI 和 MTD 后，功率为

$$\begin{aligned}
p_{n5} &= N_0\int_{f_d-f_r/N_1}^{f_d+f_r/N_1}\left|H_{k-\mathrm{mimo}}(f)\right|^2\mathrm{d}f \\
&= F_n kT\cdot(L_1 L_2)\int_{f_d-f_r/N_1}^{f_d+f_r/N_1}\left|H_{k-\mathrm{mimo}}(f)\right|^2\mathrm{d}f
\end{aligned} \tag{4-28}$$

4.3.2　相控阵雷达的接收信号处理流程分析

在相控阵雷达中，所有天线子阵的发射信号相同，波束形成时发射的信号为

$$s_l(t) = s_0(t)\mathrm{e}^{\mathrm{j}2\pi f_0 t}\cdot\mathrm{e}^{-\mathrm{j}\phi_l} \tag{4-29}$$

目标处于天线波束的指向，目标接收到的信号可以表示为

$$S(t) = \sum_{l=1}^{L_1 L_2}\sqrt{\frac{p_t\sigma_t}{4\pi R^2}}\,s_l(t-\tau)\mathrm{e}^{\mathrm{j}\phi_l} = \sqrt{\frac{p_t\sigma_t}{4\pi R^2}}\cdot s_0(t-\tau)\cdot L_1 L_2 \tag{4-30}$$

在接收端，第 k 个接收信号为

$$r_k(t) = S(t-\tau)\cdot\mathrm{e}^{-\mathrm{j}\theta_k} = \sqrt{\frac{p_t\sigma_t}{(4\pi R^2)^2}}s_0(t-2\tau)\mathrm{e}^{-\mathrm{j}\theta_k} \tag{4-31}$$

所有收到的信号形成波束，假设目标处于接收波束的指向，回波包含 N_2 个脉冲，则波束形成后的目标回波信号为

$$R_{\mathrm{DBF}-T}(t) = \sqrt{\frac{p_t \sigma_t}{(4\pi R^2)^2}} \sum_{k=1}^{L_1 L_2} r_k(t) \mathrm{e}^{\mathrm{j}\theta_k} = \sqrt{\frac{p_t \sigma_t}{(4\pi R^2)^2}} (L_1 L_2)^2 s_0(t - 2\tau)$$

（4-32）

目标信号的信号功率为

$$p_{\mathrm{phase}-t} = (L_1 L_2)^4 \frac{p_t \sigma_t}{(4\pi R^2)^2}$$

（4-33）

相控阵的 MTD 滤波器响应（4-26）式类似，只是脉冲个数不同：

$$\left| H_{k-\mathrm{phase}}(f) \right| = \left| \frac{\sin(\pi N_2 (f - f_k)/f_r)}{\sin(\pi (f - f_k)/f_r)} \right|$$

（4-34）

与 MIMO 雷达目标分析类似，第 k 个多普勒通道的信号平均功率为

$$p_{\mathrm{T}} = \frac{p_{\mathrm{phase}-t} \int_{f_k - f_r/2N_2}^{f_k + f_r/2N_2} \left| H_{k-\mathrm{phase}}(f) \right|^2 \mathrm{d}f}{f_r/N_2}$$

（4-35）

噪声信号经过 MTI 和 MTD 后，功率为

$$p_{n2} = N_0 \int_{f_d - f_r/N_2}^{f_d + f_r/N_2} \left| H_{k-\mathrm{phase}}(f) \right|^2 \mathrm{d}f$$

$$= F_n kT \cdot L_1 L_2 \int_{f_d - f_r/N_2}^{f_d + f_r/N_2} \left| H_{k-\mathrm{phase}}(f) \right|^2 \mathrm{d}f$$

（4-36）

4.3.3　MIMO 雷达与相控阵的性能对比

从上面的分析可以看出，在波束形成后，MIMO 雷达与相控阵雷达的信号能量相同，但是 MIMO 雷达的噪声功率大，经过 MTD 积

累后，获得与相控阵雷达相同的信噪比。根据公式（4-27）、（4-28）、（4-35）、（4-36），可以计算两种雷达信噪比改善：

$$
\begin{aligned}
\frac{\mathrm{snr}_{\mathrm{mimo}}}{\mathrm{snr}_{\mathrm{phase}}} &= \frac{\dfrac{p_{\mathrm{MIMO}-t}\displaystyle\int_{f_k-f_r/2N_1}^{f_k+f_r/2N_1}\left|H_{k-\mathrm{mimo}}(f)\right|^2\mathrm{d}f\Big/f_r/N_1}{F_n kT\cdot L_1 L_2 L_2\displaystyle\int_{f_k-f_r/N_1}^{f_k+f_r/N_1}\left|H_{k-\mathrm{mimo}}(f)\right|^2\mathrm{d}f}}{\dfrac{p_{\mathrm{phase}-t}\displaystyle\int_{f_k-f_r/2N_2}^{f_k+f_r/2N_2}\left|H_{k-\mathrm{phase}}(f)\right|^2\mathrm{d}f\Big/f_r/N_2}{F_n kT\cdot L_1 L_2\displaystyle\int_{f_k-f_r/N_2}^{f_k+f_r/N_2}\left|H_{k-\mathrm{phase}}(f)\right|^2\mathrm{d}f}} \\[2mm]
&= \frac{\displaystyle\int_{f_k-f_r/2N_1}^{f_k+f_r/2N_1}\left|H_{k-\mathrm{mimo}}(f)\right|^2\mathrm{d}f}{\displaystyle\int_{f_k-f_r/2N_2}^{f_k+f_r/2N_2}\left|H_{k-\mathrm{phase}}(f)\right|^2\mathrm{d}f}\cdot\frac{\displaystyle\int_{f_k-f_r/2N_2}^{f_k+f_r/2N_2}\left|H_{k-\mathrm{phase}}(f)\right|^2\mathrm{d}f}{\displaystyle\int_{f_k-f_r/N_1}^{f_k+f_r/N_1}\left|H_{k-\mathrm{mimo}}(f)\right|^2\mathrm{d}f}\approx 1
\end{aligned}
\tag{4-37}
$$

从（4-37）式可以看出，经过长时间积累，MIMO 雷达在检测的时候信噪比和相控阵相同。下面以一个雷达为例说明信噪比的改善情况。雷达的每个天线发射功率为 1 千瓦，目标的雷达截面积 $1\,\mathrm{m}^2$，雷达天线有 32 个天线单元，在 MIMO 雷达系统中分成 4 个子阵，每个信号带宽为 $3\,\mathrm{MHz}$，脉冲重复频率 $f_r = 1000\,\mathrm{Hz}$，$N_1 = 8$，$N_2 = 32$，目标位于 MIMO 雷达的第 6 个多普勒通道中，位于相控阵雷达的第 3 个多普勒通道中，通过仿真实验验证信噪比随目标距离变化的改变情况. 假设目标从 300 千米变化到 525 千米，结果如表 4.1 所示。可以看出两种雷达检测时候的信噪比基本相同。

表 4.1　相控阵雷达和 MIMO 雷达信噪比对比

目标距离（千米）	300	325	350	375	400	425	450	475
MIMO 信噪比（dB）	21.3	19.9	18.6	17.4	16.4	15.3	14.3	13.4
相控阵信噪比（dB）	21.4	19.7	18.3	17.1	16.1	15.0	14.1	13.1

4.4　发射分集 MIMO 雷达仿真系统

4.4.1　仿真系统介绍

构建仿真系统的主要目的是研究 MIMO 雷达相对于传统相控阵雷达的特点及 MIMO 雷达的性能，研究正交波形下新的信号处理算法，并对 MIMO 雷达系统的实现技术进行仿真。

为验证 MIMO 雷达的特点，设计仿真系统的总体方案如图 4.5 所示。总体平台包括正交信号产生模块、发射阵列模块、目标及传播

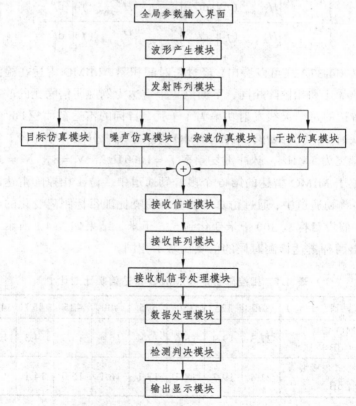

图 4.5　MIMO 雷达仿真系统的总体方案框图

环境模拟模块、接收机信号处理模块、数据处理模块、检测判决模块以及显示模块。波形产生模块用来产生雷达的发射波形；发射阵列模块用来模拟雷达的发射阵列及各阵元的发射信号；截获接收机模块用来仿真基本的雷达侦察接收机，以测试雷达的 LPI 性能；目标、杂波和干扰仿真模块分别用来仿真目标回波、杂波（包括地杂波和海杂波）和干扰。接收阵列模块用来仿真雷达的接收阵列；接收机模块用来对雷达接收机处理（包括混频、放大）进行仿真；信号处理机模块则用来对匹配滤波、数字波束形成、MTD、STAP、CFAR 等算法进行仿真；数据处理模块则进行目标跟踪和航迹相关等处理算法的仿真；最后的雷达显示模块则用来显示目标检测的结果和目标参数估计的结果。各模块的参数可从各模块本身来进行设置，全局性的参数则通过全局参数输入模块来进行设置。

仿真系统具备的功能包括：

（1）一般相控阵模式的仿真；

（2）正交信号雷达模式的仿真；

（3）体现波形参数、系统参数、目标参数、环境参数（含干扰、杂波和噪声）对系统性能的影响；

（4）体现雷达系统非理想参数（如频稳度、接收机噪声、ADC、阵元误差、幅相不一致性）的影响；

（5）雷达的抗截获性能分析和仿真；

（6）雷达的信号处理方法研究（含匹配滤波、数字波束形成、MTD、STAP 和 CFAR）及其性能分析；

（7）数据处理方法及其性能分析。

下面将分信号产生、信号传输、信号处理三部分对主要模块的仿真方案和技术实现途径进行介绍，其中每个部分又分成多个子模块。

1）信号产生模块与发射模块

信号产生与发射模块的原理框图如图 4.6 所示，发射信号分为两种工作模式：相控阵模式和正交信号 MIMO 模式。在相控阵模式下所有阵元发射相同的波形；而在正交信号 MIMO 模式下，不同的阵元发射相互正交的波形，这些波形包括：正交 LFM 信号、正交多相编码信号及正交 DFCW 等。在仿真时除了考虑波形参数（如频率、带宽）外，还考虑了相位噪声、杂散等非理想因素的影响。对于发射模块，除了考虑基本的天线阵列参数外，还需要考虑阵元误差的影响。

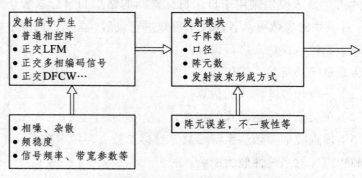

图 4.6　信号产生模块总体框图

2）信号传输模块、目标、杂波和雷达环境仿真模块

信号传输、目标、杂波和雷达环境的仿真如图 4.7 所示。

雷达目标仿真模型主要为四种经典的 Swerling 模型。雷达目标的后向散射特性一般用雷达截面积（RCS）来表征，当目标处于运动状态，或雷达的波长或极化方式发生变化时，目标雷达截面积会随之起伏，通常用一些比较合理的统计模型来描述其起伏特性。常用的点目标起伏模型有四种 Swerling（斯威林）模型，分别对应指数分布快、慢起伏类型和 χ^2 分布快、慢起伏类型。

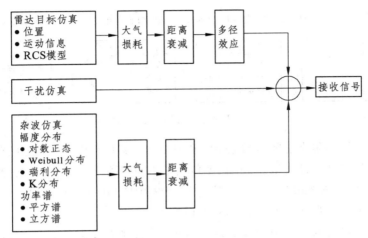

图 4.7　信号传输、目标、杂波和雷达环境仿真框图

第一类（Swerling I 型）：目标慢起伏（脉冲与脉冲间相关，扫描与扫描间独立）。第二类（Swerling II 型）：目标快起伏（脉冲与脉冲间独立）。这两类均是瑞利情况，因为其雷达检波信号为瑞利分布，这就意味着相应的功率（雷达 RCS）起伏为指数分布（假设不计天线波束形状对回波振幅的影响），其截面积的概率分布同第三类，密度函数为

$$p(\sigma) = \frac{1}{\bar{\sigma}} \exp\left(-\frac{\sigma}{\bar{\sigma}}\right), \ \sigma \geqslant 0 \qquad (4\text{-}38)$$

$\bar{\sigma}$ 为目标截面积起伏的平均值。第三类（Swerling III 型）：目标慢起伏，扫描到扫描起伏，但截面积的概率密度函数与第一、二类不同，其截面积的概率密度函数为 χ^2 分布，见式（4-39）。第四类（Swerling IV 型）：仍是目标快起伏，截面积的概率分布同第三类。这两种模型的概率密度函数为

$$p(\sigma) = \frac{4\sigma}{\bar{\sigma}^2} \exp\left(-\frac{2\sigma}{\bar{\sigma}}\right), \ \sigma \geqslant 0 \qquad (4\text{-}39)$$

目标仿真流程图如图 4.8 所示，M 为发射通道数，N 为接收通道数。

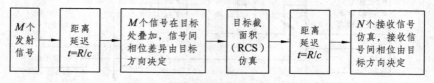

图 4.8　目标仿真框图

杂波的仿真主要考虑地杂波和海杂波，其仿真模型包括杂波的统计模型和功率谱模型。统计模型包括基本的瑞利分布、对数正态分布、韦布尔（Weibull）分布和适应于高分辨力雷达的 K 分布模型，功率谱模型则主要包括平方谱和立方谱模型。

瑞利分布：对于低分辨力雷达（天线波束宽度大于 2 度，脉冲宽度大于 1 微秒）的地面杂波、海面杂波以及气象杂波，杂波幅度服从瑞利分布。根据随机过程理论，瑞利分布杂波的正交两路信号可由两个相关高斯序列构成。其概率密度函数（PDF）为

$$p(|\gamma|) = \frac{|\gamma|}{a^2} \exp\left(-\frac{|\gamma|}{2a^2}\right) \tag{4-40}$$

对数正态分布：在海情为 2 ~ 3 级、脉宽为 200 ns、入射角为 4.7° 的情况下，海杂波幅度服从对数正态分布，其概率密度函数为

$$p(|\gamma|) = \frac{1}{\sqrt{4\pi \ln \rho} \, |\gamma|} \exp\left[\frac{-1}{4\ln \rho} \ln^2\left(\frac{|\gamma|}{\gamma_m}\right)\right] \tag{4-41}$$

其中分布参数 ρ 是形状参数，表明分布的偏斜度。对于海杂波，ρ 从高视角（4.7 度数量级）和低海况条件下的 1.148 2 变化到低视角（大约 0.5 度）和高海况条件下的大约 3.785 4。γ_m 是尺度参数，表示分布的中位数。

韦布尔分布：对于海杂波幅度起伏较为均匀、高分辨雷达和低入射角情况，选用韦布尔分布函数较为合理，其概率密度函数为

$$p(|\gamma|) = \frac{\rho \ln 2}{\gamma_m} \left(\frac{|\gamma|}{\gamma_m} \right) \exp\left[-(\ln 2)\left(\frac{|\gamma|}{\gamma_m} \right) \right] \tag{4-42}$$

其中 ρ 为形状参数，表示分布的倾斜度。当 $\rho = 1$ 时，为瑞利分布。分布参数 γ_m 是尺度参数，表示分布的中位数，由杂波的后向散射截面积 σ_c 和 ρ 来确定：

$$\frac{\sqrt{\sigma_c}}{\gamma_m} = \frac{\Gamma(1 + 1/\rho)}{(\ln 2)^{1/\rho}} \tag{4-43}$$

杂波功率谱模型中最常用的有高斯谱和 n 次方谱两种。

高斯谱：其归一化后功率谱表达式为

$$W(f) = \exp\left(-\left(a\frac{f}{f_{3\mathrm{dB}}} \right)^2 \right) \tag{4-44}$$

式中 a 是一个常数，它的取值为 1.665，以使得 $W\left(\dfrac{f_{3\mathrm{dB}}}{2} \right) = 0.5$.

n 次方谱：其归一化后功率谱表达式为

$$W(f) = \frac{1}{1 + (f/f_{3\mathrm{dB}})^n} \tag{4-45}$$

式中 n 为正整数，$n = 3$ 即为立方谱，$n = 2$ 即为平方谱。

海杂波的模拟需要一种性能稳定的快速算法来产生具有给定概率分布及相关性的随机数。经典的算法有零记忆非线性变换法（ZMNL）和球不变随机过程法（SIRP）。SIRP 适合于产生相参雷达的海杂波仿真数据。如果使用 ZMNL 法，且无记忆非线性变换是多项式表示，则 ZMNL 的输入是带限的，输出也是带限的。

ZMNL 法的基本原理如下：先产生高斯白噪声序列 $\{v_i\}$，$\{v_i\}$ 通过一个线性数字滤波器 $H(\omega)$ 得到随机序列 $\{w_i\}$，$\{w_i\}$ 经过零记忆非

线性变换 $G(\cdot)$ 得到 $\{z_i\}$，$\{z_i\}$ 的幅度分布特性由非线性变换 $G(\cdot)$ 得到；其功率谱密度为海杂波信号的功率谱密度，数字滤波器 $H(\omega)$ 用来满足谱特性。输入的高斯白噪声序列 $\{v_i\}$，经过线性系统 $H(\omega)$ 仍服从高斯分布，而功率谱函数为系统幅频函数的平方；得到的序列 $\{w_i\}$ 经过非线性滤波器后就可以得到满足要求的序列，非线性滤波器用来保证输出随机序列的幅度分布特性。通过研究可得到输入序列 $\{w_i\}$ 和输出序列 $\{z_i\}$ 的相关函数 $\rho(\tau)$ 和 $S(\tau)$ 的关系：

$$S(\tau) = \frac{E[z_i z_j] - E[z_i] E[z_j]}{\sqrt{D^2[z_i] D^2[z_j]}}, \ i, j = 1, 2, \cdots, N \qquad (4\text{-}46)$$

$$\rho(\tau) = \frac{E[w_i w_j] - E[w_i] E[w_j]}{\sqrt{D^2[w_i] D^2[w_j]}}, \ i, j = 1, 2, \cdots, N \qquad (4\text{-}47)$$

用 z_i 的相关函数 $S(\tau)$ 来计算 w_i 的相关函数 $\rho(\tau)$；由 $|G(w)|^2 = F[\rho]$（F 表示傅里叶变换）得到 $H(\omega)$。

基于 Matlab 实现的瑞利分布模型的仿真流程如图 4.9 所示：

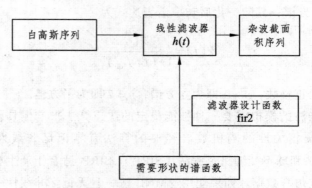

图 4.9   瑞利分布杂波仿真流程

基于 Matlab 实现的对数正态分布模型的仿真流程如图 4.10 所示：

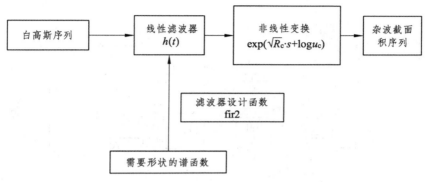

图 4.10　对数正态杂波仿真流程

基于 Matlab 实现的 Weibull 分布模型的仿真流程如图 4.11 所示：

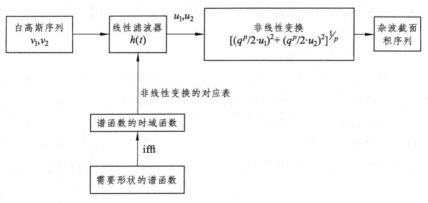

图 4.11　weibull 分布杂波仿真流程

3）信号处理模块

信号处理模块总体框图如图 4.12 所示：

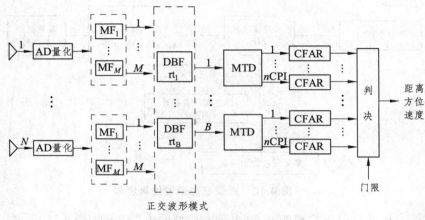

图 4.12　信号处理仿真框图

设发射通道数为 M，接收通道数为 N。M 个发射（正交）信号经目标反射后，由 N 个通道接收。回波信号为所有发射信号作用于目标后回波的总和。

（1）A/D 量化子模块.

在各接收通道中，回波信号经接收机 A/D 转换后变为数字信号（进行 MATLAB 仿真时，为避免大数据量导致仿真时间过长，在信号产生、传输及处理部分都只考虑了基带信号，故此处略去了包括正交解调在内的处理过程）。A/D 量化模块模拟了 ADC 对信号采样之后的量化过程，可用于分析 AD 位数、量化误差等对系统性能的影响。

ADC 的功能是将来自相干检波器的模拟输入信号变成数字信号可以供给数字信号处理机进行处理。ADC 将一个连续的输入电压变换为可用二进制编码表示的离散输出电平，其最小的离散电压步距称为量化电平。变换通常在相同间隔的时间点上进行，这就是均匀采样时间。

　　代表 ADC 输出与输入对应关系的变换函数如图 4.13 所示。图 4.13（a）、（b）分别显示了 3 位的中间取平（mid-tread）和中间提升（mid-rise）两种方法，其中横轴是模拟输入，纵轴代表数字输出。

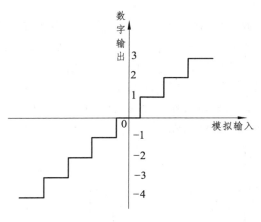

（a）中间取平法

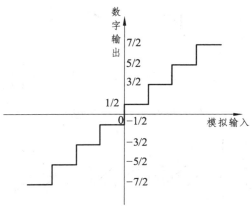

（b）中间提升法

图 4.13　AD 变换函数示意图

在中间取平法的结构中输出有一个零电平，由于电平数量的总数通常是 2 的幂次方，所以正电平的数量和负电平的数量是不相等的。在图 4.13（a），负电平比正电平多一个。显然，中间取平方法具有不对称的输出。

中间提升方法输出没有零电平，它含有相等的正电平数和负电平数，因此其输出是对称的。通常用正弦波来测试高频 ADC，由于正弦波是对称的，所以通常采用中间提升模式。

图 4.14（a）表示了理想 ADC 的变换特性。如果输入相对于时间呈线性增长，则其输出和量化误差就如图 4.14（b）所示。显然，量化过程是一个非线性过程。

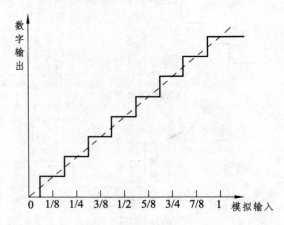

（a）输入与输出的对应关系

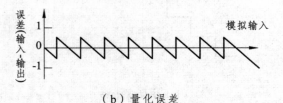

（b）量化误差

图 4.14 理想 ADC 的性能示意图

很明显，经过 AD 处理后引入了量化误差，会使信号的精度降低，对后面的检测信噪比会有一定的影响。

ADC 的最大信号通常定义为振幅与 ADC 的最高电平相匹配的正弦波。如果信号比这个电平大，则输出波形限幅。这时候就会出现不希望的情况，限幅会使杂波谱展宽，对检测性能的影响很大。当然如果一个输入信号比该信号小，并不是所有的比特位都能置位，这时会浪费不必要的资源，对处理的开支增大，速率减慢。

同样的，如果限定了 ADC 的位数，则限制了最小的精度 Q。所以当信号的值小于 Q/2 时，则该信号值被忽略，如果正好是强杂波中的弱目标时，则会检测不到该目标。

设计步骤如下：

① 输入 u 为来自数据截取模块。

② ADC 允许输入电压范围为 $-V \sim V$，量化位数为 b。

③ u 经放大器（增益为 ag，可变）放大得

$$u' = u \cdot \mathrm{ag} = u \cdot \left[\frac{V}{\max(u)} \right] \tag{4-48}$$

④ 量化输出被编码为 2^b 个数字电压，中间取平和中间提升法量化的输出分别为

$$V_{\mathrm{midtread}} = [-2^{b-1}, -2^{b-1}+1, \cdots, 2^{b-1}-1] \tag{4-49}$$

$$V_{\mathrm{midup}} = [-2^{b-1}+0.5, -2^{b-1}+1.5, \cdots, 2^{b-1}-0.5] \tag{4-50}$$

⑤ 在 ADC 内部有 2^b 个参考电压段（ $i = 1, 2, \cdots, 2^b$ ），当输入的模拟电压（ u' 各元素）落入第 i 个电压段内时，输出的数字电压为 $V_{\mathrm{midtread}}(i)$ 或 $V_{\mathrm{midup}}(i)$ 。

⑥ 输出数据。

具体的设计流程如图 4.15 所示：

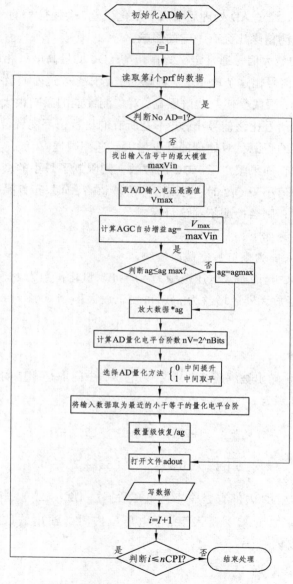

图 4.15　ADC 仿真流程图

（2）匹配滤波器组子模块。

每一接收通道有 M 个匹配滤波器（MF），分别与不同的正交发射信号进行匹配。经匹配滤波器组处理后，回波信号中由不同发射信号引起的回波成分被分离出来。仿真中，匹配滤波是在频域完成的，同时数字多波束形成子模块。

匹配滤波器等效为一个互相关器，在每个接收通道用图 4.16 所示的匹配滤波器组，可以分离出由不同发射通道引起的回波信号。

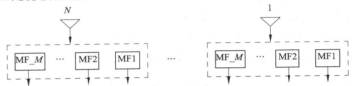

图 4.16　在接收端用匹配滤波器组分离出各发射通道引起的回波

经匹配滤波器组处理后，回波信号中由不同发射信号引起的回波成分就能被分离出来。具体实现时，本系统采用了频域匹配滤波的方法，如图 4.17 所示。

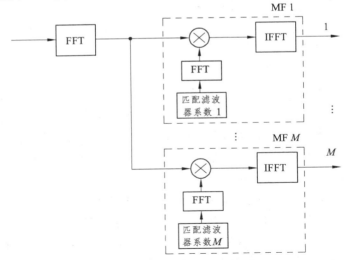

图 4.17　频域匹配滤波器组

设计步骤如下：

① 输入 *u* 为来自 AD 量化模块。

② 从第 1 个 PRI 到第 *n*CPI 个 PRI 处理，读取并组合数据（REAL+j×IMAGE）。

③ 根据工作和发射波形 $s(t)$ 产生匹配滤波器系数 $h(t) = s * (-t)$，并做 FFT。

④ 从第 1 个 PRI 到第 *n*CPI 个 PRI 处理，从第 1 个接收单元到第 *n*Rsub 个接收单元的数据做 FFT。

⑤ 从第 1 个 PRI 到第 *n*CPI 个 PRI 处理，从第 1 个接收单元到第 *n*Rsub 个接收单元频域完成匹配滤波。

⑥ $y_k(t) = \text{IFFT}\{\text{FFT}[u(t)] \cdot \text{FFT}[h_{\text{MIMO}}(t, k)]\}$（*k* 为第 *k* 个发射通道）。

⑦ 从方向 1 到方向 *n*Beam 处理，数据存储。

⑧ 输出数据。

具体的设计流程图如图 4.18 所示：

在所有接收通道，共 *MN* 个匹配滤波器的输出可以通过 DBF 在某方向形成波束。在仿真中，假设收发为同一阵列，各收发通道的位置关系已知；采用多个（*B* 个）波束形成器，同时在空间不同方向形成波束，以覆盖整个感兴趣的空间。

（3）运动目标检测子模块。

雷达要探测的目标，通常是运动着的物体，例如空中的飞机、海上的舰艇、地面的坦克等。但是目标的周围经常存在着各种背景，例如各种地物、云雨、海浪及敌人施放的金属丝干扰等，这些背景可能是不动的，如建筑物，也可能是缓慢运动的，如海浪、云雨。一般说来，它们的运动速度比目标的速度小。这些背景产生的回波称为杂波。下面从频谱特性上来分析动目标和杂波干扰信号之间存在哪些区别。

区分运动目标和杂波干扰的基础是它们在速度上的差别。这一速度差别反映在回波中是它们所具有的不同多普勒频移。于是，在时域互相混叠的目标信号和杂波有可能从频域予以区分。

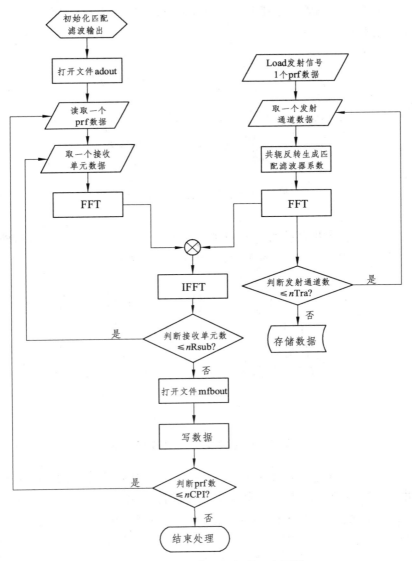

图 4.18　匹配滤波处理流程图

图 4.19 示出一个脉冲宽度为 τ 的单个矩形脉冲的频域图形。频谱图具有 $\sin x / x$ 形状,其中心位于零频率,带宽约为 $1/\tau$,零点在 $1/\tau$ 的整数倍处。

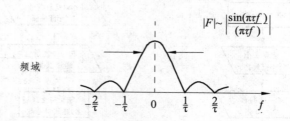

图 4.19　脉冲宽度为 τ 的矩形脉冲

图 4.20 示出载频为 f_0 的单个脉冲的频域图形。其频域图具有两个 $\sin x / x$ 曲线形状,带宽为 $1/\tau$,中心位于 $\pm f_0$。

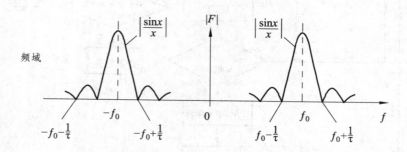

图 4.20　载频为 f_0 的单个脉冲信号

图 4.21 示出脉冲重复频率(PRF)为 f_r 和载频为 f_0 的无限长脉冲串的频域图形,其中 T_r 为脉冲重复周期(PRI)。由频域图可见,$\sin x / x$ 曲线已分裂为两个 $\sin x / x$ 包络内的多个 PRF 谱线。谱线为零带宽,间隔为 $f_r = 1/T_r$。

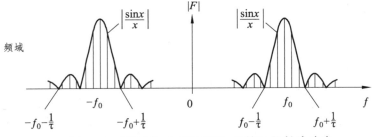

图 4.21　PRF 为 f_r 和载频为 f_0 的无限长脉冲串

图 4.22 示出 PRF 为 f_r 和载频为 f_0 的有限长（T）脉冲（τ）串的频域图形。频域波形也就是雷达发射信号的频域特性，同时也是固定目标回波信号的频域特性。由图可见，PRF 谱线现在为非零带宽，其带宽由 $1/T$ 给出，谱线间隔为 PRF，$\sin x / x$ 包络的带宽为 $1/\tau$，包络 $\sin x / x$ 的中心频率在 $\pm f_0$ 处。

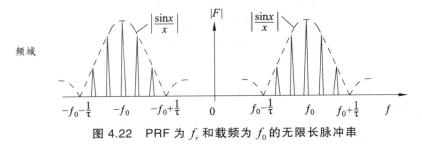

图 4.22　PRF 为 f_r 和载频为 f_0 的无限长脉冲串

如果脉冲雷达回波来自运动目标，则动目标回波谱线将位于发射频率 f_0 加多普勒频移 f_d 处，即将图 4.22 中的 f_0 改为 $f_0 + f_d$。多普勒频移 $f_d = 2v_r / \lambda$，λ 是发射信号的波长，v_r 是目标的径向速度。相向飞行的目标，其多普勒频移是正值；背向飞行的目标，其多普勒频移是负值。

用发射信号与杂波干扰进行相参处理，产生的差频信号的频谱位于 Kf_r，如图 4.23（a）所示。

用发射信号与运动目标回波进行相参处理，产生的差频信号的频谱位于 $Kf_r \pm f_d$，如图 4.23（b）所示。

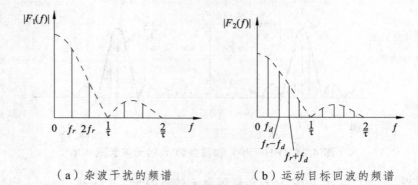

（a）杂波干扰的频谱　　　　　　（b）运动目标回波的频谱

图 4.23　杂波和运动目标频谱

　　综上所述，可以得出结论：杂波干扰和动目标回波信号的频谱是不同的，杂波干扰的频谱一般与发射信号频谱相同，动目标频谱在发射信号频谱基础上增加了多普勒频移。只要设计一种滤波器把表征杂波干扰抑制掉，让表征动目标的 f_d 通过，就可以将动目标选择出来。

　　本系统中对各 DBF 的输出进行 MTD 处理。首先通过 MTI 滤波器（采用三脉冲对消）抑制地物杂波；再通过窄带多普勒滤波器组（采用 FFT）进一步抑制剩余杂波。窄带多普勒滤波器的个数由 CPI 脉冲数决定，它对运动目标的回波脉冲具有相干积累的作用；不同的多普勒频率，将对应不同的窄带滤波器输出，因此 MTD 可用于测速。

　　设计步骤如下：

　　① 输入 *u* 为来自同时多波束模块。

　　② 从方向 1 到方向 *n*Beam 处理，读取并组合数据（REAL+j×IMAGE）。

　　③ 从方向 1 到方向 *n*Beam 处理，三脉冲对消：

$$u'(t) = u(t) - 2u(t - T_{\mathrm{pri}}) + u(t - 2 * T_{\mathrm{pri}})$$

　　④ 从方向 1 到方向 *n*Beam 处理，数据缓存。

　　⑤ 从方向 1 到方向 *n*Beams 处理，按照信号带宽抽取数据，将距离单元数由 Nfft 变为 *n*Rbin，求模。

　　⑥ 从方向 1 到方向 *n*Beam 处理，用 *n*CPI-2 点 FFT 完成 MTD 处理。

⑦ 从方向 1 到方向 nBeam 处理，分解并拼接写数据（REAL+ j×IMAGE）。

⑧ 输出数据。

具体的设计流程图如图 4.24 所示。

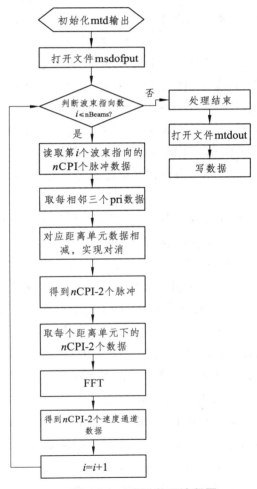

图 4.24 MTD 处理流程图

（4）恒虚警率处理子模块。

在雷达信号检测中，信号的最佳检测通常采用奈曼-皮尔逊准则，即在保持恒定的虚警概率条件下，使正确检测的概率达到最大值。但是，在雷达信号检测中，由于各窄带多普勒滤波器输出剩余杂波的干扰强度是随机的，加上内部噪声的影响，当用固定门限检测时，干扰强度的变化会引起虚警概率的变化，难以保证信号的恒虚警率检测。因此，如果存在各种起伏干扰和杂波，使雷达信号检测的虚警概率保持恒定值，即需采用恒定虚警率（Constant False Alarm Rate 简称 CFAR）技术。

雷达信号恒虚警率处理的基本原理就是使得虚警概率保持在一个期望的恒定值，基本做法就是根据检测单元附近的参考单元估计背景杂波的平均功率，并根据恒定的虚警概率设置和调整门限。

雷达信号检测的目的是在某个存在干扰的区域内判定目标是否存在。干扰包括接收机内部热噪声、地物、雨雪、海浪等杂波，电子对抗措施-人工有源和无源干扰（如干扰发射机和金属箔条），以及与有用目标混杂在一起的邻近干扰目标和它的旁瓣（如采用脉冲压缩的雷达）。这些干扰和杂波在时间和空间上的变化具有不同的动态范围、概率分布和相关函数。

Rohling 将均匀和非均匀杂波背景简化为三种典型情况：① 均匀杂波背景：这种模型描述了参考滑窗中统计平稳的杂波背景；② 杂波边缘：这种模型描述了特性不同的背景区域间的过渡区；③ 多目标：这种模型描述了两个或两个以上目标在空间上很靠近的情况。仿真中分别对均匀背景和非均匀背景中的 CFAR 处理做了研究，根据不同的杂波背景给出不同的 CFAR 处理方法。

根据模拟杂波背景所使用的杂波分布模型分为：瑞利分布、韦布尔分布、对数正态分布、K 分布和莱斯分布模型中的 CFAR 研究；根据数据处理方式分为：参量和非参量 CFAR 技术。

仿真中采用参量 CFAR 处理，主要讨论了瑞利分布、韦布尔分布、对数正态分布三种杂波的恒虚警率处理，根据观测数据估计出杂波分布参数，从而得到最合适的检测统计量。

设计步骤如下：

① 输入 *u* 为来自同时动目标检测模块。

② 从方向 1 到方向 *n*Beam 处理，从 prf 数 1 到 *n*CPI-2 处理，读取数据。

③ 从距离单元 1 到距离单元 *n*Rbin 按照不同的杂波环境和 cfar 模式做 cfar 处理。

④ 从方向 1 到方向 *n*Beam 处理，从 prf 数 1 到 *n*CPI-2 处理，存储数据。

⑤ 输出数据。

具体的设计流程图如图 4.25 所示：

（5）判决子模块。

根据自动检测技术，主要是指雷达在无人操作的情况下，能够从雷达回波中自动判决和记录有无目标的存在。通常是设置一个与信杂比（信噪比）、检测概率、虚警概率、目标和背景统计特性等有关的一个门限。

在 CFAR 处理后，用固定门限对目标的存在进行判决（过门限检测），门限值由杂波分布特性和虚警概率决定。

经过 CFAR 处理后的数据和这个门限进行比较。当信号超过这个门限时，就判决目标的存在；没有超过门限则没有目标存在。当有目标时，判断为有目标的概率为检测概率；而当无目标时判断为有目标的概率就称为虚警概率。当检测到有目标时，根据目标的三维信息，即其出现的距离单元号、波束通道号及窄带多普勒滤波器号，得出该目标的距离、方位及速度信息。

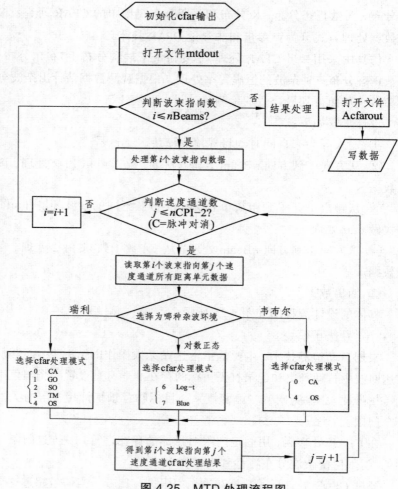

图 4.25   MTD 处理流程图

设计步骤如下：

① 输入 u 为来自恒虚警率处理模块。

② 门限值 threshold 来自恒虚警率模块按照不同的处理方法产生。

③ 找出输入数据大于门限值的下标 index。

④ 判断下标 index 的长度是否超出最大可能检测目标个数 maxTgt。

⑤ 如果超出，则检测标志位为 –2，否则为 –1。

⑥ 如果没有超出，分别找到 index 对应的距离、方位和速度信息。

方向信息：Tdirec = fix（index/（nPostMTI×nRbin））+1；

距离信息：Trange = mod（index，nRbin）；

速度信息：Tspeed = fix（index/nRbin）+1。

⑦ 存储检测信息。

⑧ 输出 maxTgt×4 维向量。

具体的设计流程如图 4.26 所示：

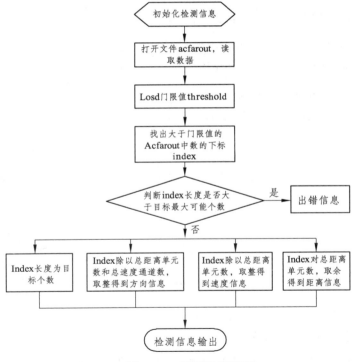

图 4.26 检测处理流程

4.4.2　输入参数界面和仿真输出

仿真平台使用 VC 编写参数输入界面，如图 4.27 所示。该 VC 参数输入界面包含信号产生与发射、目标环境、信号处理和非理想因素四个参数输入选项卡，以方便设置系统仿真的各方面参数。另外还包含读取参数和保存参数两个操作按钮，可方便保存当前仿真参数和读取之前设定并保存的仿真参数。

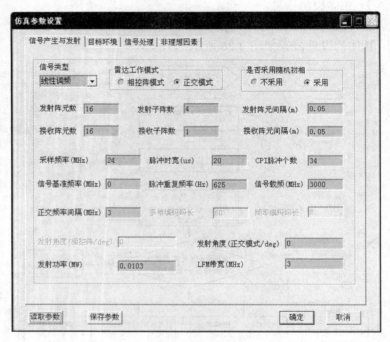

图 4.27　VC 参数输入界面

完成参数设置后，点击"确定"按钮，即完成参数的设定，并自动进入 VC 仿真主界面，如图 4.28 所示。在界面上点击"开始仿真"按钮，系统即自动在后台调用 MATLAB 仿真程序进行仿真，仿真完成后自动将仿真结果保存为特定的格式，以方便在界面上显示。为了直观显示能体现 MIMO 雷达主要特点的输出图形，在主界面左边设置了六个显示输出系统，分别为发射信号空间叠加后的时域图、频域图、发射波束图和接收波束图以及 MTD 输出图和俯仰 PPI 显示器。

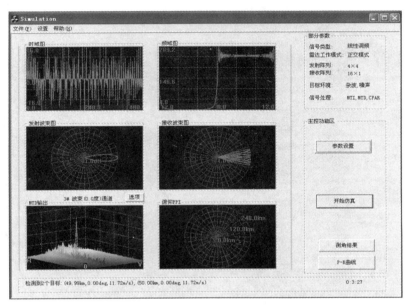

图 4.28　VC 仿真主界面

4.5　本章小结

本章首先对 MIMO 雷达的基本原理进行了分析，并对其特点及性能改善进行了研究。从分析可以看出，MIMO 雷达在抗截获性能、弱目标检测能力、速度分辨力、距离分辨力、降低系统前端杂散要求等方面具有优势。

其次对比分析了 MIMO 雷达系统与传统相控阵雷达的信号处理流程，研究了检测性能，得出 MIMO 雷达与相控阵雷达在检测时信噪比相当的结论。

本章最后一节分析了针对发射分集的 MIMO 雷达仿真系统，介绍了系统实现方案，并用仿真系统验证了 MIMO 雷达的优势。

第 5 章

空时自适应处理在发射分集 MIMO 雷达检测的应用

5.1　引　言

雷达工作环境中常常存在严重的地（海）杂波，使探测目标能力与目标跟踪精度受到严重影响。由于杂波强度大，分布范围广，再加上雷达承载平台的运动，雷达杂波频谱展宽严重，杂波会干扰目标的检测。因此，杂波的有效抑制，已成为雷达检测技术的关键技术难题。传统的雷达杂波抑制方法仅在时频域处理，难以有效抑制杂波，导致远距离目标或弱小目标仍淹没在剩余杂波中，因此，需要发展新理论、新技术来解决机载雷达的杂波抑制难题。

空时自适应处理（STAP）正是在这种背景下发展起来的[91-130]。STAP 技术是最好的抑制杂波的方法，STAP 通过同时在空域和时域进行滤波处理，提供了一种很好的抑制干扰和检测目标的方法。STAP 技术充分利用相控阵天线提供的多个空域通道信息和相干脉冲串提供的时域信息，通过空域和时域二维自适应滤波方式，实现杂波的有效抑制。相对于传统的一维处理方法，STAP 技术具有优势，主要体现在以下三个方面：① 杂波抑制能力强。STAP 技术因其具有空/时二维滤波特性，杂波抑制能力很强。② 稳健性好。STAP 技术通过其自适应特性，可实现与复杂外界环境的有效匹配，适应环境变化能力强；同时，它还可一定程度地补偿多种不可避免的系统误差。③ 干扰抑制能力强。STAP 技术可实现对复杂电磁环境下多种干扰的有效抑制。因此，STAP 作为提升机载雷达性能的一项关键技术，30 多年来备受雷达界的关注与世界军事强国的重视。

空时自适应处理概念最初是由 Brennan 等人于 1973 年针对相控阵体制机载预警雷达的杂波抑制而提出的[91]。经过 30 多年的探索和研究，STAP 技术如今已形成为一项具有较为坚实理论基础的实用新技术。目前有关 STAP 处理的文献已有 500 多篇，尤其是 Klemm 的专著[15]、王永良的专著[92]及 Guerci 的专著[16]以及综述 STAP 技术的基础理论等都有较为完整的论述。

5.2 传统空时自适应技术信号原理

STAP 技术首先应用于机载雷达中，本节以机载雷达为模型介绍 STAP 技术原理：

设载机作匀速直线飞行，雷达天线为 N 阵元的均匀线阵，天线阵与飞机飞行方向平行。阵元等间隔放置，阵元间距为 d，并设 $d = \lambda/2$（λ 为工作波长）。

天线阵列单元的几何关系如图 5.1 所示。图中，θ 表示方位角，φ 表示高低角，ψ 表示锥角，假设天线主瓣指向为 (θ_0, φ_0)。如果每个阵元在一个相干处理间隔接收 K 个脉冲，则其在某一被检测距离环上得到的空时信号可排列成一个 $NK \times 1$ 维列矢量

$$X = (x_{1,1}, \cdots, x_{1,K}, x_{2,1}, \cdots, x_{2,K}, \cdots, x_{K,1}, \cdots, x_{K,K})^{\mathrm{T}} \quad （5\text{-}1）$$

式中 $[\bullet]^{\mathrm{T}}$ 为矩阵的转置。X 中包含杂波 c、噪声 n 和可能存在的目标

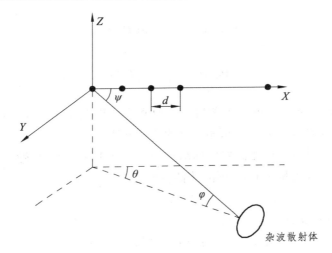

图 5.1　天线阵列的几何关系

s，其中 c 是由地（海）杂波及有源干扰构成的，n 是系统热噪声。杂波加噪声协方差矩阵定义为 $R = \text{cov}((c+n),(c+n))$，则有

$$X = \xi S + C + N \tag{5-2}$$

其中 C 是接收到的杂波向量，N 是白噪声向量，ξ 是可能含有的目标的幅度，在不含目标的距离单元中 $\xi = 0$。S 为目标的归一化空时二维导向矢量，即 $S = \dfrac{S_1}{\sqrt{S_1^{\text{H}} S_1}}$，其中 S_1 的表达式如下

$$S_1 = S_s \otimes S_t \tag{5-3}$$

其中 $\otimes$ 为 Kronecker 积，式中

$$S_s = [1 \; e^{j\omega_s} \; \cdots \; e^{j(N-1)\omega_s}]^{\text{T}} \tag{5-4}$$

$$S_t = [1 \; e^{j\omega_t} \; \cdots \; e^{j(K-1)\omega_t}]^{\text{T}} \tag{5-5}$$

其中 ω_s, ω_t 分别表示空间与时间归一化频率

$$\omega_s(\theta_0, \varphi_0) = \frac{2\pi d}{\lambda}\cos\theta_0\cos\varphi_0 \tag{5-6}$$

$$\omega_t(\theta_0, \varphi_0) = \frac{4\pi v}{\lambda f_r}\cos\theta_0\cos\varphi_0 \tag{5-7}$$

式中 v 表示载机速度，f_r 为脉冲重复频率（PRF），θ_0 为以轴向为准的水平方位角，φ_0 为高低角，d 为阵元间距。

全空时自适应滤波器处理结构如图 5.2 所示，对 X 做自适应滤波，设其权矢量为 W，则滤波器输出为

$$Y = W^H X \tag{5-8}$$

其一阶和二阶统计量分别为

$$E(Y) = \xi W^H S \tag{5-9}$$

$$\mathrm{Var}(Y) = E(|Y|^2) - |E(Y)|^2 = W^H R W \tag{5-10}$$

输出信号与杂波加噪声功率之比（$\mathrm{SINR_o}$）为

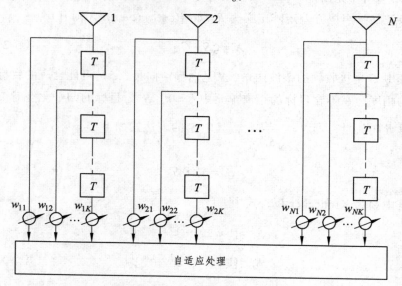

图 5.2　空时二维自适应处理原理图

$$\text{SINR}_\text{o} = \frac{|E(Y)|^2}{\text{Var}(Y)} = \frac{|\xi| \left| W^\text{H} S \right|^2}{W^\text{H} R W} \tag{5-11}$$

用全自适应处理器进行最优处理可以描述为如下的数学优化问题

$$\min \ W^\text{H} R W$$
$$\text{s.t.} \ \ W^\text{H} S = 1 \tag{5-12}$$

其中 R 为 $NK \times NK$ 维协方差矩阵；S 为目标空时二维导向矢量。

由（5-12）式可得空时二维最优处理的权矢量

$$W_\text{opt} = \mu R^{-1} S \tag{5-13}$$

其中 $\mu = \dfrac{1}{S^\text{H} R^{-1} S}$ 为一复常数。从（5-13）式中可以看出，表达式由杂波协方差矩阵的逆和目标导向矢量两部分组成，第一部分相当于对杂波进行白化处理，后一部分相当于对目标信号进行匹配滤波，因此实际上这就是广义的最优维纳滤波器。

将（5-13）式代入式（5-11）得到最大输出信杂噪比为

$$\text{SINR}_\text{o} = |\xi|^2 \, S^\text{H} R^{-1} S \tag{5-14}$$

滤波器自适应输出为

$$Y = \frac{S^\text{H} R^{-1} X}{S^\text{H} R^{-1} S} \tag{5-15}$$

输入信号与杂波噪声功率之比（信杂噪比）为

$$\text{SINR}_i = \frac{|\xi|^2}{\sigma_{ci}^2 + \sigma_{ni}^2} = \frac{|\xi|^2}{(\text{INR}_i + 1)\sigma_{ni}^2} \tag{5-16}$$

式中 σ_{ci}^2 为输入杂波的功率，σ_{ni}^2 为输入端噪声的功率，INR_i 为输入杂噪比。

空时自适应信号处理器的性能一般用改善因子来衡量，它从整体上描述了 STAP 处理器抑制杂波的程度，其定义为输出端信杂噪比对输入信杂噪比的改善，表达式如下：

$$IF = \frac{SINR_o}{SINR_i} = \frac{\left|\boldsymbol{W}_{opt}^H \boldsymbol{S}\right|^2 (INR_i + 1)\sigma_{ni}^2}{\boldsymbol{W}_{opt}^H \boldsymbol{R} \boldsymbol{W}_{opt}} = (\boldsymbol{S}^H \boldsymbol{R}^{-1} \boldsymbol{S})(INR_i + 1)\sigma_{ni}^2$$

（5-17）

以上对 STAP 模型的讨论中假定杂波协方差矩阵式 $\boldsymbol{R}$ 已知，但实际中只能用待检测单元两侧的与其具有独立同分布的若干个距离门上的数据（Secondary data-辅助数据）来估计它。在高斯杂波加噪声背景下，常用最大似然估计 $\hat{\boldsymbol{R}}$ 代替 $\boldsymbol{R}$。如果满足独立同分布条件的样本数不足，将不能很好地估计杂波协方差矩阵，从而会引起 STAP 输出信杂噪比的下降。杂波协方差矩阵的最大似然估计（MLE）可写为

$$\hat{\boldsymbol{R}} = \frac{1}{L}\sum_{i=1}^{L} \boldsymbol{X}_i \boldsymbol{X}_i^H$$

（5-18）

自适应权适量可以写为

$$\boldsymbol{W}_{opt} = \mu \hat{\boldsymbol{R}}^{-1} \boldsymbol{S} = \frac{\hat{\boldsymbol{R}}^{-1} \boldsymbol{S}}{\boldsymbol{S}^H \hat{\boldsymbol{R}}^{-1} \boldsymbol{S}}$$

（5-19）

在辅助样本满足独立同分布条件时有

$$E(\hat{\boldsymbol{R}}) = \frac{1}{L}\sum_{i=1}^{L} E(\boldsymbol{X}_i \boldsymbol{X}_i^H) = \frac{1}{L}\sum_{i=1}^{L} \boldsymbol{R} = \boldsymbol{R}$$

（5-20）

将自适应权适量代入（5-11）式可得输出信杂噪比为

$$SINR = \frac{|\xi|^2 (\boldsymbol{S}^H \hat{\boldsymbol{R}}^{-1} \boldsymbol{S})^2}{\boldsymbol{S}^H \hat{\boldsymbol{R}}^{-1} \boldsymbol{R} \hat{\boldsymbol{R}}^{-1} \boldsymbol{S}}$$

（5-21）

由（5-21）式所得到的输出信杂噪比相对于确知协方差矩阵下的最佳

信杂噪比的损失为

$$\rho = \frac{\left|\xi\right|^2 (S^H \hat{R}^{-1} S)^2}{S^H \hat{R}^{-1} R \hat{R}^{-1} S} \cdot \frac{1}{S^H \hat{R}^{-1} S} \qquad （5\text{-}22）$$

上式中的 ρ 是一个随机变量，文献[94]中对 ρ 的统计特性进行了分析，证明了在训练样本满足独立同分布时，其概率密度函数与真实的杂波协方差矩阵无关，仅仅是处理器维数 M （系统自由度）和用来估计协方差矩阵的距离门个数 L 的函数，服从 Beta 分布。其概率密度函数为

$$f(\rho) = \frac{L!}{(L-M+1)!(M-2)!} \rho^{L-M+1} (1-\rho)^{M+2} \qquad （5\text{-}23）$$

为了使 $E(\rho) \geqslant 0.5$ ，则 $L \geqslant 2M - 3 \approx 2M$ ，这就是著名的 $2M$ 准则[95]。当系统处理维数也即系统自由度较大时，需要满足独立同分布的样本是很大的，一方面增加了相关矩阵估计的运算量，另一方面也限制了应用环境。实际中，杂波在空间和时间都是非平稳的，很难获取过多的独立同分布样本，尤其在严重的非均匀杂波环境中更是如此。

5.3　MIMO 雷达中的空时自适应处理

传统的 STAP 技术是把空间、时间结合起来进行信号处理，也就是增大了信号空间的维数，来提高对杂波等压制效果，提高目标检测性能。这就启发我们把信号空间做进一步的扩展。当把 STAP 应用于发射分集 MIMO 时，由于信号的正交性，相当于进一步增加了信号空间的维数，这就把传统的空间-时间二维处理扩展到了空间-时间-信号波形三维空间。本节从理论上推导了空间-时间-信号波形三维信号空间中信号处理的信号模型，并通过仿真实验验证了在空间-时间-

信号波形三维信号处理的方法下，MIMO 雷达相对于传统相控阵雷达在目标检测、杂波抑制等方面具有优势。

5.3.1 信号模型

假设一个雷达系统有 N 个天线，分别位于 $\{x_n, n = 0,1,2\cdots,N-1\}$；每个发射天线发射不同频率的信号 $\{f_n, n = 0,1,2,\cdots,N-1\}$；每个接收天线都同时接收并处理来自所有 N 个天线的信号。并假设每个发射天线在同一个相干处理间隔（CPI）内发射 M 个脉冲，脉冲重复频率（PRF）为 f_r。假设目标的径向速度为 v，方向角 φ，第 n 个天线收到的第 k 天线发射的第 m 个脉冲信号为

$$s(n,k,m) = \exp\left(\mathrm{j}2\pi m \frac{f_{dk}}{f_r}\right)\exp\left(\mathrm{j}\frac{2\pi x_n f_k \sin\varphi}{c}\right) \tag{5-24}$$

这里，f_{dk} 是相对于发射频率 f_k 的多普勒频移；即有

$$f_{dk} = \frac{2v f_k}{c} \tag{5-25}$$

将（5-25）式代入（5-24）式得到

$$s(n,k,m) = \exp\left(\mathrm{j}2\pi m \frac{2v f_k}{c f_r}\right)\exp\left(\mathrm{j}\frac{2\pi x_n f_k \sin\varphi}{c}\right) \tag{5-26}$$

将 $s(n,k,m)$ 排列成 $N^2 M$ 的一维数组：

$$s(v,\varphi) = [s_0^{\mathrm{T}}, s_1^{\mathrm{T}}, \cdots, s_k^{\mathrm{T}}, \cdots, s_{N-1}^{\mathrm{T}}]^{\mathrm{T}} \tag{5-27}$$

其中，每个 s_k 都是中心频率为 f_k 时的传统的空时二维驱动向量

$$s_k = b_k(v) \otimes a_k(\varphi) \tag{5-28}$$

其中 $\otimes$ 为 Kronecker 积

$$\begin{cases} \boldsymbol{b}_k(v) = \left[1, \exp\left(j2\pi\frac{2vf_k}{cf_r}\right), \cdots, \exp\left(j2\pi(M-1)\frac{2vf_k}{cf_r}\right)\right]^T \\ \boldsymbol{a}_k(\varphi) = \left[1, \exp\left(j\frac{2\pi x_1 f_k \sin\varphi}{c}\right), \cdots, \exp\left(j\frac{2\pi x_{N-1} f_k \sin\varphi}{c}\right)\right]^T \end{cases}$$

$$(5\text{-}29)$$

这里的空间驱动向量 $\boldsymbol{a}_k(\varphi)$ 和时间驱动向量 $\boldsymbol{b}_k(v)$ 中都包含中心频率 f_k。为了便于扩展，空间驱动向量 $\boldsymbol{a}_k(\varphi)$ 包含了天线的位置 x_n。

杂波信号与目标信号有相似的形式。杂波信号是同一个距离单元内，多个杂波单元的回波相加得到。这里采用 Melvin 的杂波模型[14]，并将其扩展到三维信号空间：

$$\boldsymbol{s}_c = [\boldsymbol{s}_{c0}{}^T, \boldsymbol{s}_{c1}{}^T, \cdots, \boldsymbol{s}_{ck}{}^T, \cdots, \boldsymbol{s}_{c(N-1)}{}^T]^T \qquad (5\text{-}30)$$

其中，每个向量 $\boldsymbol{s}_{ck}$ 是中心频率为 f_k 时的传统的空时二维驱动向量：

$$\boldsymbol{s}_{ck} = \sum_{m=1}^{N_c} \boldsymbol{d}(m) \odot \boldsymbol{s}_k \qquad (5\text{-}31)$$

这里，本文假设每个距离单元内有 N_C 个独立的杂波元。$\boldsymbol{d}(m)$ 是长度为 NM 的向量，包含了每个信道-脉冲采样的信号幅度，它与杂波单元的反射面积（RCS）成正比。符号 $\odot$ 表示向量的 hadamard 积。

干扰信号也与目标信号结构类似。在这里假设高斯噪声干扰模型。因此，干扰信号与目标信号的不同在于，目标的时间驱动向量在干扰信号模型里是独立的复高斯随机变量。对于频率为 f_k 的干扰信号模型可以写成如下形式：

$$\boldsymbol{s}_{Jk} = \zeta_{Jk} \boldsymbol{b}_{Jk} \otimes \boldsymbol{a}_k(\varphi_J) \qquad (5\text{-}32)$$

这里 ζ_{Jk} 是干扰的幅度，时间向量 $\boldsymbol{b}_{Jk}$ 是复高斯变量，均值为 0，方差为 1。长度为 $N^2 M$ 的干扰信号向量可以写成：

$$\boldsymbol{s}_J = [\boldsymbol{s}_{J0}{}^T, \boldsymbol{s}_{J1}{}^T, \cdots, \boldsymbol{s}_{Jk}{}^T, \cdots, \boldsymbol{s}_{J(N-1)}{}^T]^T \qquad (5\text{-}33)$$

假设噪声信号对所有载频、所有脉冲、所有天线单元都是白的复高斯随机变量，因此，天线接收到的所有信号可以描述成信号矢量：

$$x = \zeta_t s(v, \varphi) + s_J + s_C + n \tag{5-34}$$

这里 n 是噪声矢量。

使用公式（5-34）可以实现空时波形自适应信号处理算法。可以使用经典的 SMI 方法，通过权向量 w，对接收信号 x 加权求和，使得输出信号的信干比（SINR）最大。权向量 w 可以通过下式求得：

$$w = R^{-1} s \tag{5-35}$$

这里，s 是由公式（5-27）求得的空时波形驱动向量，R 是干扰加噪声和杂波的协方差矩阵。

在 5.3.2 节的仿真试验中，首先产生了 $(P+1)$ 个距离单元的不包含目标的信号，即 $\zeta_t = 0$。然后产生指定功率的目标信号，加到中间距离单元上，$q = P/2 + 1$。对 q 距离单元，可以通过滑窗方法估计出协方差矩阵 $\hat{R}$

$$\hat{R} = \sum_{p=1, p \neq q}^{p+1} x_p x_p^H \tag{5-36}$$

其中 x_p 表示 $(P+1)$ 个快拍数据中的一个。自适应权通过（5-35）式求得。这里采用改进的采用矩阵求逆方法 MSMI[14]，检测统计量为

$$\rho_P = \frac{\left| w^H x_p \right|^2}{\left| w^H s(v, \varphi) \right|^2} \tag{5-37}$$

5.3.2　仿真实验

为验证本文提出的方法的有效性，作出检测统计量 ρ_P 和距离的

函数关系图。如果在某一距离上存在目标，检测统计量 ρ_P 会很大，如果在这个距离上不存在目标，检测统计量会接近于零。

另一个描述处理器的指标是系统增益因子（Improment factor，IF），它被定义为系统输出和输入的信干比之比，可以描述杂波抑制性能

$$\text{IF} = \frac{w^{\text{H}}ss^{\text{H}}w\text{tr}(R)}{w^{\text{H}}Rws^{\text{H}}s} \qquad (5\text{-}38)$$

表 5.1 列出了仿真使用的参数：

表 5.1　系统参数

N	6	PRF	20kHz
Center frequency	10 GHz	Jammer-to-Noise Ratio	50 dB
Frequency offset	100 MHz	Target SNR	0 dB
Pulses in CPI	16	Clutter-to-Noise Ratio	60 dB
Target velocity（m/s）	10	Number of range bin	1728

第一个实验验证了正交波形信号从干扰中分离目标信号的能力。目标位于第 865 个距离单元，方向角 0 度，一个 50 dB 的干扰位于 0.050 度。图 5.3 画出了 MIMO 雷达的检测统计量的情况，6 个天线发射信号的频率间隔为 100 MHz；图 5.4 画出了传统相控阵雷达的检测统计量的情况，6 个天线发射频率相同的信号。这两个图中，坐标横轴为距离单元，纵轴为检测统计量。从图中可以明显看出，传统相控阵雷达不能检测出目标的信号；而在 MIMO 雷达中，目标可以分辨出来，目标和干扰的幅度差别近 10 dB。未使用 STAP 技术时，MIMO 雷达不能获得信号处理增益，检测效果与相控阵类似，如图 5.5 所示。

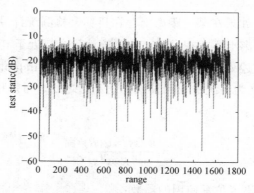

图 5.3   使用 STAP 技术的 MIMO 雷达的检测效果

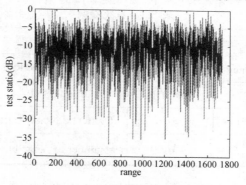

图 5.4   相控阵的检测效果

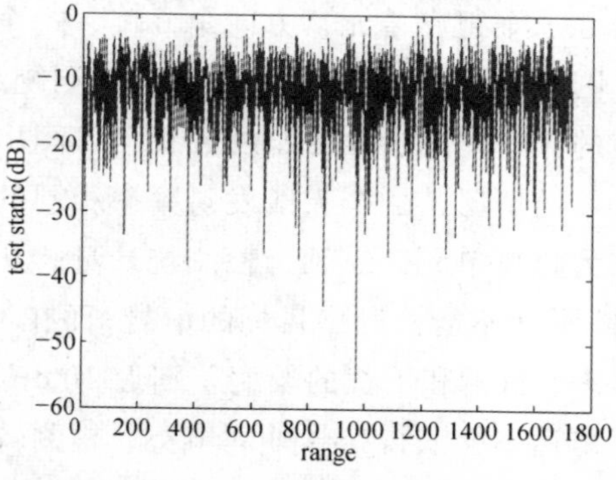

图 5.5   未使用 STAP 技术的 MIMO 雷达检测效果

　　第二个实验比较了 MIMO 雷达和传统相控阵雷达的增益因子 IF，如图 5.6 所示。坐标轴横轴为目标速度，纵轴为增益因子。可以看出，MIMO 雷达的增益因子得到提高。而且可以看到 MIMO 雷达提供了更窄主杂波区，使得系统检测低速目标的能力得到提高。而且在主杂波区，系统的增益因子 IF 得到提高，MIMO 雷达相对于传统相控阵雷达在主杂波区有 2 dB 的增益。

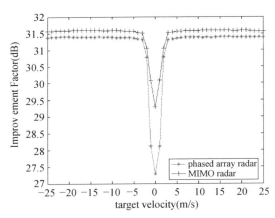

图 5.6　相控阵与 MIMO 雷达增益因子比较

5.4　本章小结

　　本章中，提出将传统的空时自适应信号处理引用于发射分集的 MIMO 雷达中，分别建立了目标、杂波、干扰的信号模型，并通过仿真实验验证了这种方法的有效性。这种方法相对于传统相控阵雷达在杂波抑制方面具有优势。MIMO 雷达提供了更窄的主杂波区，使得系统检测低速目标的能力得到提高，而且在主杂波区，系统的增益因子 IF 得到提高。

　　当然，在 MIMO 雷达的 STAP 技术中也存在计算量大、非均匀杂波、天线阵元误差等问题，尤其是 MIMO 雷达将二维信号处理推广到三维空间中，计算量更大。这些问题都是以后工作的重点。本方法对天线单元间距没有要求，因此本方法加以推广可以用于收发全分集的 MIMO 雷达中。

第 6 章

Hough 变换应用于发射分集 MIMO 雷达研究

　　长时间积累场合，包络移动补偿是个难以回避的问题，包络移动使宽带雷达的能量积累和检测问题变得复杂。包络移动问题不仅在宽带情况下存在，窄带脉冲串雷达遇到高速目标时，同样必须考虑。

　　MIMO 雷达发射低增益的宽波束，接收时采用同时多波束接收。为达到与常规雷达相当的作用距离，往往需要更长的积累时间，这必然导致 MIMO 雷达中的包络移动问题更加突出，必须加以考虑。Hough 变换（Hough transform，HT）是一种图像中检测直线的有效方法，本章将 Hough 变换应用于 MIMO 雷达的长时间积累，并对传统的 Hough 变换加以改进，大大减小了计算量，有利于 Hough 变换的实时计算。

6.1　传统的 Hough 变换方法

6.1.1　Hough 变换简介

　　1962 年，Paul Hough 提出了 Hough 变换法，并申请了专利[131]。该方法将图像空间中的检测问题转换到参数空间，通过在参数空间里进行简单的累加统计完成检测任务，用大多数边界点满足的某种参数形式来描述图像的区域边界曲线，因而对于被噪声干扰或间断区域边界的图像，Hough 变换具有很好的容错性和鲁棒性。随后，Hough 变换得到了广泛的应用[132-156]。Hough 变换法最初主要用于检测图像空间中的直线，最早的直线 Hough 变换是在两个笛卡尔坐标系之间进行变换，这给检测与纵轴平行的直线带来了困难[131]。1972 年，Duda 将 Hough 变换的形式进行了改变，将图像空间中笛卡尔坐标系下的点变换到 $\rho-\theta$ 参数空间的曲线，改善了探测直线的性能[132]。为了能检测图像空间中的曲线，1978 年 Sklansky 将 Hough 变换进行推广，提出了推广 Hough 变换法[133]。1981 年，D. H. Ballard 将 Hough 变换法作了进一步的推广，推广后的 Hough 变换法可以检测图像空间中任意复杂形状的曲线[134]。1988 年，Illingworth 和 Kittler 在前人对 Hough 变换法研究的基础上，又对 Hough 变换法进行了大量研究，并提出了改进 Hough 变换法性能的措施[135]。Hough 变换最初只用于图像处理，但随着科学技术的发展，现已在军事和民用领域得到了广泛的应用。在雷达领域，Hough 变换更是日趋引人注目，它在雷达信号检测[136-138]、机动目标跟踪[145]、SAR/ISAR 图像处理[150-153]以及探地雷达[139, 140]、气象雷达等民用雷达图像处理等方面，都发挥着重要的作用。

最经典的 Hough 变换是从图像中检测直线。在实际应用中，Duda 提出了采用参数方程（6-1）的算法，将笛卡儿坐标系中的观测数据 (x, y) 变换到参数空间中的坐标 (ρ, θ)：

$$\rho = x\cos\theta + y\sin\theta , \quad \theta \in [0, \pi] \tag{6-1}$$

这样，图像空间上的一个点就对应到参数空间的一条曲线上。这种变换通常被称作经典 Hough 变换（Standard Hough Transform）。(x, y) 平面中的一条直线可以通过从原点到这条直线的距离 ρ_0 和 ρ_0 与 x 轴的夹角 θ_0 来定义，如图 6.1 所示。即对于一条直线上的点 (x_i, y_i)，必有两个唯一的参数 ρ_0 和 θ_0 满足：

$$\rho_0 = x_i \cos\theta_0 + y_i \sin\theta_0 \tag{6-2}$$

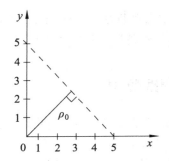

图 6.1　图像空间中位于同一条直线上的点

由（6-2）式可知，数据空间的一点经 Hough 变换后在参数空间上形成一条曲线。参数空间上的每一点唯一对应数据空间上的一条直线，数据空间的同一条直线上的点变换后的曲线在参数空间应该交于一点，该点即 (ρ_0, θ_0)。在参数空间中确定该点的位置是一个局部检测问题，这比在图像空间中全局检测相对容易一些。确定该点位置，就知道了图像空间中直线的参数。假如图像平面上有两条直线，那么最终在参数空间上就会看到两个峰值点，依此类推。由此看出，Hough 变换实质是一种投票机制，对参数空间中的量化点进行投票，若投票超过某一门限值，则认为有足够多的图像点位于该参数点所决定的直线上。利用 Hough 变换在图像中提取图形的基本思想就是：由图像空间中的边缘数据点去计算参数空间中的参考点的可能轨迹，并在一个累加器中给计算出的参考点计数，最后选出峰值。具体做法是：将数据图像空间和参数空间分别离散化，在数据空间上设置第一门限，使数据空间中的大多数点都能通过第一门限，第一门限的大小可以根据信号强度来得到。将通过第一门限的数据点转换到参数空间，然后在参数空间上设置第二门限，如果参数空间中某一个方格的能量积累超过了第二门限，就宣称检测到了一个目标。由于实际图像中的线会出现缝隙，而且存在噪声，所以给一般的提取方法带来困难，而若用 Hough 变换，受其影响相对较小，这是由 Hough 变换的投票机制所决定的，也是其最主要的优点，故为很多人所注目。相应的改变 Hough

变换的参数方程及其参数的性质，基于同样的方法可以从图像空间中检测圆、椭圆、矩形、三角形、双曲线等形状。

6.1.2　Hough 变换应用

1994 年，Carlson 等人首先将 Hough 变换法应用到搜索雷达中检测直线运动或近似直线运动的目标，并给出了虚警概率和检测概率的计算公式，建立了 Hough 变换用于雷达目标检测和跟踪的理论基础[136-138]。通过 Hough 变换，把可能是同一个目标的回波能量进行非相参积累，微弱目标的能量得以累积，增强了目标的信噪比，从而可以对微弱目标进行检测。其后，Moshe 研究了 Rayleigh 分布和 K 分布杂波背景下的 Hough 检测器的具体应用[145]。

航迹起始是一个首要问题，但同跟踪维持研究相比，航迹起始课题方面的研究成果非常少，现有的航迹起始算法可分为顺序处理技术和批处理技术两大类。通常，顺序处理技术适用于相对无杂波环境中的航迹起始，主要包括启发式规则方法和基于逻辑的方法。批数据处理适用于强杂波环境，主要包括 Hough 变换法[143]、修正的 Hough 变换法等[145]。Hough 变换算法使检测在参数空间内得以简化，方便地检测匀速直线运动的目标。该方法适用于在重杂波区内的大批目标的检测和跟踪，计算量小，可以直接给出起始航迹后的位置和速度，能够检测交叉运动的目标和历史被遮蔽的目标，便于实现。但在密集杂波环境下，Hough 变换法通常需要多次扫描才能较好地起始航迹，因而不利于航迹的快速起始。

Hough 变换方法也可以用于三坐标雷达目标跟踪中。文献[157]将 Hough 变换用于三维空间中运动目标的估计。在三维空间中，完全确定运动目标的位置、角度、运动参数等需要五个参数。可是直接变换需要对五维参数空间进行累积，计算量比较大，文献[157]中采用了分步算法，先对三个旋转参数进行最小均方估计，在确定这三个参数的基础上，再利用 Hough 变换对两个平移参数进行确定。由于标准 Hough 变换只能检测平面中运动的轨迹，因此可以将三维空间中的点投影到三个投影平面上去，但是在实际工程中需要考虑战术的安排、三维传感器的性能指标以及为了减少计算量，可以有选择地选取两个投影面。另外，Hough 变换也被广泛应用于 SAR 和 ISAR 中，在民用雷达中也得到了应用。

6.2　改进的 Hough 变换方法

本文使用的 Hough 变换基于斜率-截距 $k-b$ 参数空间，也就是把数据空间的点映射到 $k-b$ 参数空间。其中 k 表示直线的斜率，b 表示直线的截距。这种方法的主要问题是：① 数据空间中垂直于横轴的直线不能映射到参数空间。这个问题在搜索雷达检测中不存在，因为这样的直线意味着目标速度无穷大。② 当直线的截距大于雷达的最大作用距离时，这条直线不能被映射到参数空间。这个问题在本文方法中通过移动坐标系解决。本节介绍两种改进的 Hough 变换方法：一种本文称之为快速 Hough 变换，这种方法在检测性能上与传统的 Hough 变换相同，在计算量上大大降低；另一种本文称之为相干 Hough 变换，它在降低计算量的同时，利用了相位信息，这在低信噪比情况提高了检测性能。

6.2.1　快速 Hough 变换

1）算法流程

数据空间中的点 (t,r) 通过公式：

$$b = -kt + r \qquad (6\text{-}3)$$

映射到参数空间。数据空间中 t 为横轴，表示时间，t 通过采样量化；r 为纵轴，表示距离，在搜索雷达中，目标距离小于雷达的最大作用距离 $R_{\max}$，r 通过雷达距离门量化。参数空间中，k 表示直线的斜率，在雷达应用中，表示目标的速度，根据需求可以设定速度的检测范围 $-k_{max} \leqslant k \leqslant k_{max}$，并根据速度检测的精度量化速度；$b$ 表示直线的截距，它小于最大作用距离 $b < R_{max}$，它的量化与数据空间的距离一致。数据空间和参数空间的结构分别如图 6.2 和图 6.3 所示。

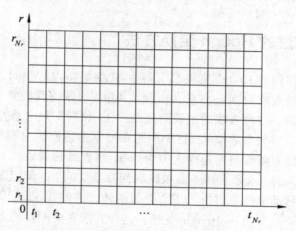

图 6.2　数据空间单元结构

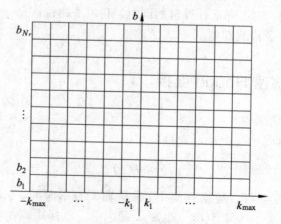

图 6.3　参数空间单元结构

从公式（6-3）可以看出，数据空间中一点映射到参数空间一条直线。另外注意到对于数据空间中那些具有相同到来时刻，即具有相同横坐标 t_i 的那些点（它们在数据空间中排列成垂直于横轴的直线[见图（6-4）]，当把这些点通过公式（6-3）变到参数空间中某个速度通道 k_0 时，只需要把它们整体移动 $|kt_i|$ 个单元，然后累积到参数空间中。当速度 $k > 0$，向下平移，反之向上平移。通过这样对一批点同时进行操作，相对于传统方法减小了计算量。在本文的方法中，每次对同一时刻到来的一批数据进行处理，在参数空间中进行积累，然后可以进行检测，如果参数空间某个单元的值超出门限，就可以宣称发现目标，并可以根据参数空间点的坐标得出目标的速度和轨迹，否则继续对下一时刻到来的数据进行变换。

整个 Hough 变换的流程如下：

步骤 1：将雷达数据排列成 r-t 二维数组 D。

将雷达接收信号的包络按距离-时间排列成 r-t 数据空间的二维数组 D，其中 $D_i = [d_{N_r}, d_{N_r-1}, \cdots, d_1]^{\mathrm{T}}$，$1 \le i \le N_t$，表示 t_i 时刻的雷达接收信号，如图 6.4 所示，N_r 表示距离单元个数，N_t 表示观测时间的长度。

步骤 2：将数据空间中某一时刻到来的一组数据进行映射。

对某个时刻到来的一组数据 D_i，$1 \le i \le N_t$，按照公式 $b = -kt + r$ 进行坐标变换，变成 $b-k$ 参数空间的一个数组。具体操作如下：设 t_i，$1 \le i \le N_t$，时刻，采样数据为

$$D_i = [d_{N_r}, d_{N_r-1}, \cdots, d_l, \cdots, d_1]^{\mathrm{T}} \qquad (6\text{-}4)$$

D_i 的结构如图 6.4 所示。式中，$d_l, 1 \le l \le N_r$ 是第 l 个距离单元的数据；移动数组 D_i 实现到 $b-k$ 参数空间中每个速度通道 k_j 的映射，$-k_{\max} \le k_j \le +k_{\max}$，速度通道 k_j 对应参数空间中垂直于水平轴的一个数组，如图 6.5 所示；对于 $k_j > 0$ 时，把数组 D_i 向下移动 $|k_j t_i|$ 个单元格，截去 d_1 到 $d_{k_j t_i}$ 间的数据，并在 d_{N_r} 前补 0；对于 $k_j < 0$ 时，把

数组 D_i 向上移动 $|k_j t_i|$ 个单元格，截去 $d_{k_j t_i+1}$ 到 d_{N_r} 间的数据，并在 d_1 后补 0，如图 6.5 所示。把经过移动的数组 D_i 累积到参数空间单元。

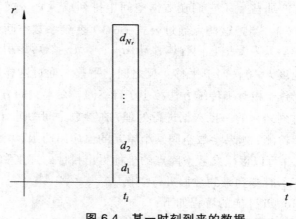

图 6.4　某一时刻到来的数据

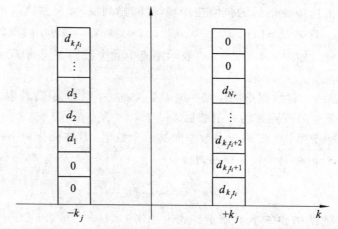

图 6.5　变换数据空间单元映射到参数空间单元

步骤 3：在 $b-k$ 参数空间进行雷达目标检测。

在 $b-k$ 参数空间设定门限进行检测。设定门限时，每个检测参数单元的可达单元数目不同，因此门限也不同，根据公式（6-11）在

给定虚假概率 P_F 下设定检测门限，其中 N 为某个检测单元的可达单元数目，ξ 为检测门限，Γ 为 gamma 函数；判定其中大于检测门限 ξ 的元素位置有雷达目标存在。

步骤 4：反坐标变换。

根据步骤 3 将 $b-k$ 参数空间检测到的目标位置进行式 $r=kt+b$ 所示的反坐标变换，得出雷达目标在 $r-t$ 数据空间中该雷达周期内的运动轨迹。

2）检测性能分析

本文假定一个非起伏的目标模型，服从赖斯分布；噪声的幅度为瑞利分布；目标回波信号能量的概率密度函数为自由度为 2 的非中心化 χ^2 分布[70]：

$$p(x \mid s) = \exp(-s-x)I_0(2\sqrt{xs}) \qquad (6\text{-}5)$$

其中 s 为信噪比，本文假定噪声的功率为 1；I_0 为零阶的修正 Bessel 函数。用 ξ 表示参数空间的门限；P_F 表示一个单元的虚警概率，P_D 表示一个单元的检测概率；N 表示能够映射到 Hough 参数空间某个单元上最大数据空间单元数，N 值的大小与数据空间的划分和 Hough 参数空间的划分有关。Carlson[137]给出求 N 的方法如下：给数据空间中每个单元赋值 1，然后将所有单元映射到 Hough 参数空间并进行积累。Hough 空间的每个单元上累积值即为其 N 值。某个给定参数空间单元的数据 ς 超过门限 ξ 的概率为

$$P_D = P_r(\varsigma > \xi) = P_r\left(\varsigma = \sum_{i=1}^{N} x_i > \xi\right) \qquad (6\text{-}6)$$

N 个自由度为 2 的非中心化 χ^2 分布变量的和为自由度为 $2N$ 的非中心化 χ^2 分布变量，所以 ς 的概率密度函数为

$$p(\varsigma) = \left(\frac{\varsigma}{Ns^2}\right)^{\frac{n-1}{2}} \exp(-(Ns^2 + \varsigma))I_{N-1}(2\sqrt{yNs}) \qquad (6\text{-}7)$$

一个参数空间单元的检测概率 P_D 为

$$
\begin{aligned}
P_D &= P_r(\varsigma > \xi) = \int_\xi^\infty p(\varsigma)\mathrm{d}\varsigma \\
&= \int_\xi^\infty \left(\frac{\varsigma}{Ns^2}\right)^{\frac{n-1}{2}} \exp(-(Ns^2+\varsigma))I_{N-1}(2\sqrt{yNs})\mathrm{d}\varsigma \qquad (6\text{-}8) \\
&= Q_N(\sqrt{2Ns^2}, \sqrt{2\xi})
\end{aligned}
$$

其中 Q_N 为马库姆函数。

当回波信号中只有噪声的时候，回波信号的能量服从自由度为 2 的 χ^2 分布：

$$
p(x) = \exp(-x) \qquad (6\text{-}9)
$$

ς 是自由度为 $2N$ 的 χ^2 分布：

$$
p(\varsigma) = \frac{1}{\Gamma(N)} \varsigma^{N-1}\mathrm{e}^{-\varsigma} \qquad (6\text{-}10)
$$

一个参数空间单元的虚警概率 P_F 为

$$
P_F = P_r(\varsigma > \xi) = \int_\xi^\infty p(\varsigma)\mathrm{d}\varsigma = \Gamma(N,\xi)/\Gamma(N) \qquad (6\text{-}11)
$$

假设传统方法和新方法的数据空间和参数空间大小都为 $N_r \times N_t$ 和 $N_r \times N_v$，则传统方法中对所有数据空间中单元进行坐标变换，需要 $2N_r N_v N_t$ 次乘法和 $N_r N_v N_t$ 次加法操作；而在本文的方法中，只需要 $N_v N_t$ 次加法和 $N_v N_t$ 移位操作，可见运算量大大降低。

3）仿真实验结果

本文通过三个仿真实验验证理论分析。在所有的仿真实验中，时间分成 100 份，距离分成 128 份，速度分成 40 份。检测参数空间的（20，70）单元对应的最大数据空间的单元数为 70。在第一个仿真实验中，只产生噪声信号，测试虚警概率。本文把门限从 50 变化到 100，每个门限作 1000 次实验，最后两个门限值 95 和 100 由于虚假概率很小，作 5000 次实验。实验结果在图 6.6 中用实线表示，然后本文用公式（6-11）计算出理论曲线，在图 6.6 中用虚线表示。

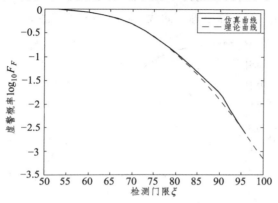

图 6.6　虚警概率曲线

在第二个实验中，加入一个非起伏目标，在每次实验中 RCS 固定，在不同实验中，RCS 随机变换。目标开始位于第 70 个距离单元，目标径向速度为 1，目标映射到参数空间的（20, 70）单元。从 −1 dB 到 6 dB 改变信噪比，并固定门限为 130。仿真结果图 6.7 中用实线表示，然后用公式（6-8）计算出理论曲线，在图 6.7 用虚线表示。

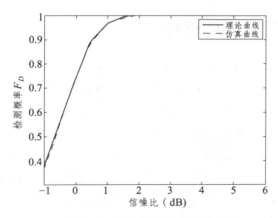

图 6.7　检测概率–信噪比曲线

第三个实验使用的参数设置与第二个实验一致。从 100 到 150 改变门限，并固定信噪比为 0 dB。仿真结果图 6.8 中用实线表示，然后用公式（6-8）计算出理论曲线，在图 6.8 用虚线表示。

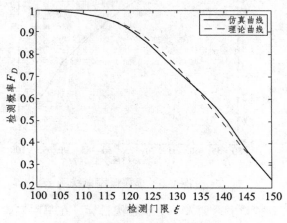

图 6.8　检测概率–门限曲线

从以上三个实验结果可以看出，仿真实验的结果与理论分析完全吻合，从而证明了分析的正确性。

6.2.2　相干 Hough 变换

注意到在前面一节，沿着纵轴向上或者向下移动到来数据组，就等效于沿着相反的方向移动参数空间的单元格。在相干 Hough 变换中就采用移动参数空间单元格的方法，因为移动参数空间单元同时也等效于移动数据空间的坐标，这解决了目标轨迹截距大于雷达作用距离的问题。如图 6.9 所示，在原始坐标系中，目标轨迹的截距为 $r_1 > r_{max}$（r_{max} 为雷达最大作用距离），这条直线不能映射到参数空间。当移动坐标原点到 t_0 后，目标轨迹的截距变成 $r_2 < r_{max}$，在新坐标系中，新的目标轨迹可以映射到参数空间。

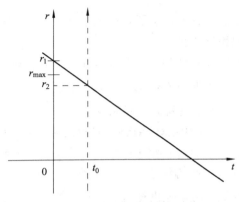

图 6.9 移动时间原点

1 ）算法流程

这种方法的另一个创新点在于：这种方法利用了回波信号的相位信息。为分析方便，假设雷达发射信号为 $s(t) = \mathrm{e}^{\mathrm{j}\omega_c t}$，采样周期为 T，第 k 个周期内脉冲的回波信号可以表示为

$$s_r(t) = \tilde{b}\mathrm{e}^{\mathrm{j}\omega_c(t-\tau_k)} \cdot \mathrm{e}^{\mathrm{j}\omega_D \tau_k} + n(t) \tag{6-12}$$

其中 $\tilde{b}$ 是一个复高斯随机变量，包含目标散射、距离衰减、天线增益等因素；ω_D 是多普勒频移，由目标的速度决定；$n(t)$ 是高斯白噪声。假设目标截面积在信号照射的整个期间内不变化，τ_k 是 k 个周期内目标回波的延迟。τ_k 与 τ_{k-1} 有如下关系：

$$\tau_k = \begin{cases} \tau_{k-1} - t_{\mathrm{pri}}, & 目标靠近雷达 \\ \tau_{k-1} + t_{\mathrm{pri}}, & 目标远离雷达 \end{cases} \tag{6-13}$$

在每个周期内，经过匹配滤波等信号处理，可以得到如下的检测统计量：

$$r_k = \tilde{b}e^{j\omega_D \tau_k} + \tilde{n} \qquad (6\text{-}14)$$

在本文的方法中，先补偿了相位因子 $e^{-j\omega_D \tau_k}$，再累加到参数空间单元，这样实现相干积累。

整个方法的实现步骤如下：为叙述方便，假设要处理数据的到来时刻为 t_0，到来的数据为 $D = [d_{N_r}, d_{N_r-1}, \cdots, d_1]^{\mathrm{T}}$。

步骤 1：移动数据空间的坐标原点。

首先移动数据空间中坐标到当前处理的时刻 t_0。图 6.10 表明了移动前参数空间速度通道 i 和速度通道 $-i$ 的结构。沿着纵轴（截距轴）移动参数空间单元，移动参数空间单元数为 $|v_i t_0|$，其中 v_i 为 i 个速度通道对应的速度值。对于速度通道 i，向上移动 it_0 个单元；对于速度通道 $-i$，向下移动 it_0 个单元；去掉那些超出范围的单元，空白单元值设为 0。对所有速度通道进行这种参数单元的移位操作，如图 6.11 所示。

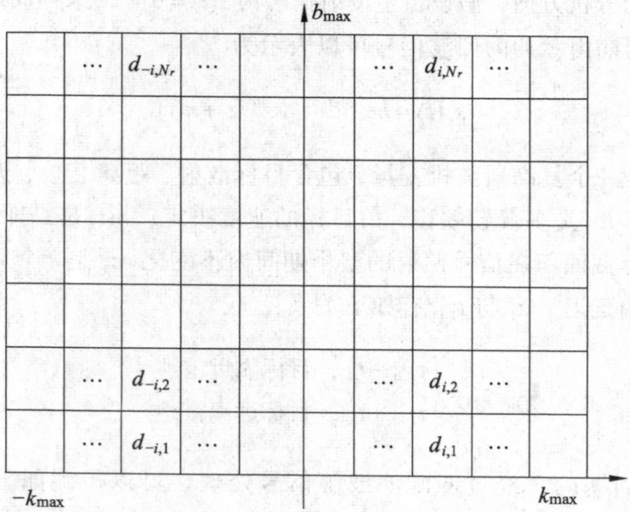

图 6.10 参数空间单元结构

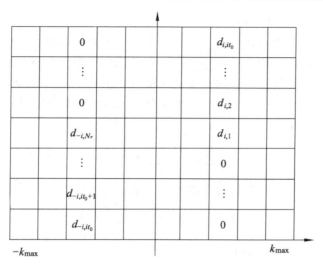

图 6.11　移动参数空间单元

步骤 2：映射数据空间中的点到参数空间并累积。

由于坐标原点已经移动到 t_0，公式 $b = -kt + r$ 变成 $b = r$，因此到来的数据 D 可以不用移动直接累加到参数空间单元，但在累积前应根据公式（6-14）首先补偿掉相位。具体来说，当把数据 D 累积到速度通道 i 时，用 $e^{-j\omega_i t_0}$ 乘以 D，ω_i 是速度通道 i 对应的多普勒频移。对所有的速度通道进行累积数据 D 的操作。

步骤 3：在 $b - k$ 参数空间进行雷达目标检测。

在 $b - k$ 参数空间设定门限进行检测。设定门限时，每个检测参数单元的可达单元数目不同，因此门限也不同，根据公式（6-17）在给定虚假概率 P_F 下设定检测门限，其中 N 为某个检测单元的可达单元数目，ξ 为检测门限，Γ 为 gamma 函数；判定其中大于检测门限 ξ 的元素位置有雷达目标存在。

步骤 4：反坐标变换。

根据步骤 3 将 $b - k$ 参数空间检测到的目标位置进行反坐标变换，得出雷达目标在 $r - t$ 数据空间中目标的运动轨迹。

2）检测性能分析

与前面一节分析类似，本文假定一个非起伏的目标模型服从 χ^2 分布；噪声的幅度为瑞利分布；用 P_F 表示一个单元的虚警概率，P_D 表示一个单元的检测概率；N 表示能够映射到 Hough 参数空间某个单元上最大数据空间单元数。根据公式（6-14），传统的 Hough 变换的检测统计量为

$$R = \sum_{k=1}^{N} |r_k|^2 = \sum_{k=1}^{N} \left| \tilde{b} \mathrm{e}^{\mathrm{j}\omega_D \tau_k} + \tilde{n} \right|^2 \tag{6-15}$$

R 是自由度为 $2N$ 的 χ^2 分布的随机变量，因此检测概率可以表示成

$$P_D = \int_{\xi}^{\infty} p_R(r)\mathrm{d}r = \Gamma\left(N, \frac{\xi}{1+\mathrm{SNR}} \right) / \Gamma(N) \tag{6-16}$$

在（6-16）式中令 $\mathrm{SNR}=0$，得到虚警概率：

$$P_F = \int_{\xi}^{\infty} p_R(r)\mathrm{d}r = \Gamma(N, \xi) / \Gamma(N) \tag{6-17}$$

在相干的 Hough 变换中，检测统计量为

$$R = \left| M\tilde{b} + \sum_{i=1}^{M} \tilde{n}_i \right|^2 \tag{6-18}$$

R 是自由度为 2 的 χ^2 分布的随机变量，因此检测概率可以表示成

$$P_D = \int_{\xi}^{\infty} p_R(r)\mathrm{d}r = \Gamma\left(1, \frac{\xi}{N^2\mathrm{SNR} + N^2} \right) \tag{6-19}$$

同样在（6-19）式中令 $\mathrm{SNR}=0$，得到虚警概率

$$P_F = \int_{\xi}^{\infty} p_R(r)\mathrm{d}r = \Gamma\left(1, \frac{\xi}{M} \right) \tag{6-20}$$

3）仿真实验结果

本文设计了两个实验来比较相干 Hough 检测器与传统 Hough 变换检测器的性能。在两个实验中，时间分成 100 份，距离分成 128 份，速度分成 40 份。目标开始位于第 70 个距离单元，目标径向速度为 1，目标映射到参数空间的（20，70）单元。这个单元对应的最大

数据空间单元数为 70。在第一个实验中固定虚警概率 $P_F = 10^{-5}$，根据（6-17）和（6-20）两种检测器的门限（分别为 116，85），设定信噪比从 −5 dB 变化到 0 dB。检测概率如图 6.12 所示。从图中可以看出，在低信噪比时，新方法明显好于传统方法。这个结果可以通过公式（6-16）和（6-19）验证。在第二个实验中，固定信噪比为 − 5 dB，虚警概率从 10^{-5} 变化到 $10^{-0.5}$，比较检测概率，结果如图 6.13 所示。可以看出，改进的方法性能优于传统方法的性能。

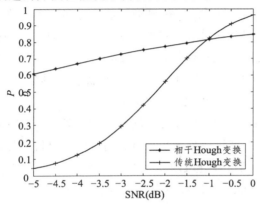

图 6.12　检测概率曲线

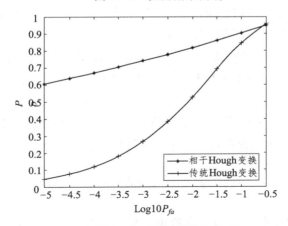

图 6.13　检测概率曲线

6.3 改进的 Hough 变换方法应用于 MIMO 雷达积累

6.3.1 信号处理流程及性能分析

前已述及，相对于相控阵雷达，MIMO 雷达需要更长时间的积累。在这么长的时间内，目标可能已经跨过多个距离单元，而且运动状态有可能已经发生变化，传统的相干积累方法（如 MTD）已不能处理这种情况，本文提出使用 Hough 变换来进行信号处理。本文的方法是：在 CPI 内采用常规方法进行检测，将其结果用 Hough 变化进行积累检测，进一步提高检测性能。

在一定的时间内，目标的运动轨迹为一条直线，如果可以找出目标的运动轨迹，就可以检测出目标，同时估计出目标的速度。在本文方法中，把检测过程分成两步：首先在每个 CPI 中用传统的 DBF、MTD 等相干积累方法检测目标，检测结果用时间-距离二维图像记录，其中时间以 CPI 为单位。然后利用 Hough 变换将时间-距离图像变换到 Hough 参数空间，在参数空间实现检测后，将检测结果映射回时间-距离空间，估计出目标的位置和速度。

线性调频信号（LFM）是实际中经常使用的一类信号，具有高的距离分辨力。本节以 LFM 信号为例，介绍 MIMO 雷达信号模型及处理流程。

假设雷达系统有 M 个发射天线，N 个接收天线。发射频分的 LFM 信号，用复数形式表示单个脉冲信号：

$$s_i(t) = \exp\left(\mathrm{j}\left(2\pi(f_0 + \Delta f \cdot (i-1))t + \frac{1}{2}\mu t^2 \right) \right) \tag{6-21}$$

其中，$1 \leqslant i \leqslant M$，$f_0$ 为电波载频，Δf 为信号间频率间隔，选择 Δf 足

够大满足（6-22）式的正交条件，μ 为 LFM 信号的调频系数。T_0 为单个脉冲持续时间，则

$$\int_0^{T_0} s_m(t)s_n^*(t)\mathrm{d}t = \begin{cases} 1, & m = n \\ 0, & m \neq n \end{cases} \qquad （6\text{-}22）$$

设一次雷达检测时间 T 内，雷达发射了 L_c 个 CPI，其中每个 CPI 包含了 L_p 个脉冲。假设目标位于 R 处，其径向速度为 v，在发射分集的 MIMO 雷达工作模式下，接收信号可以表示为

$$r_i(t) = \sum_{l=1}^{M} \sigma_l s_l(t-\tau)\exp(\mathrm{j}2\pi f_d(t-\tau)) \qquad （6\text{-}23）$$

其中，$1 \leqslant i \leqslant N$，$\sigma_l$ 包含了雷达信号传播中的损耗，τ 为目标距离产生的时延，f_d 为多普勒频移，即有

$$\tau = \frac{2R}{c}$$
$$f_d = \frac{2vf_0}{c} \qquad （6\text{-}24）$$

式中 c 为光传播速度。

在接收端，先用匹配滤波器在每个接收天线端分离出每个发射信号分量，得到 $M \times N$ 个接收信号。设此时信噪比为 SNR_0，去掉信号分量的频率差异，通过累加实现第一次相干积累，积累后的信噪比为 SNR_1，其积累增益为[158]

$$\frac{\mathrm{SNR}_1}{\mathrm{SNR}_0} = M \cdot N \qquad （6\text{-}25）$$

在每一个 CPI 内，针对每个距离单元，用 L_p 点 FFT 实现动目标检测（MTD），FFT 后的信噪比为 SNR_2，获得积累增益[158]：

$$\frac{\mathrm{SNR}_2}{\mathrm{SNR}_1} = L_p \qquad （6\text{-}26）$$

在 FFT 输出的结果上作包络检波和恒虚警检测（CFAR）。设虚警概率为 p_{f_1}，检测概率为 p_{d_1}，检测门限为 Λ_1。这种方法与传统的脉冲积累检测方法类似[158]，主要区别在于检测门限的选取：传统脉冲积累方法中为了获得较低的虚警概率，Λ_1 通常设置得较高，导致微弱目标被漏检；本文针对弱目标，这一步检测将 Λ_1 适当降低，尽管这将导致每个 CPI 内部检测的虚警概率较高，但后面的 CPI 间的非相干积累将能够保证最终的检测达到需要的虚警概率。整个 CPI 内相干处理流程如图 6.14 所示：

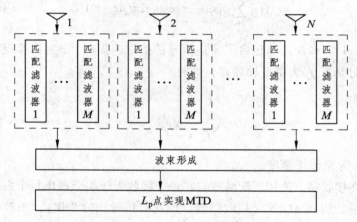

图 6.14　CPI 内相干处理流程

所有 CPI 分别按上述步骤进行检测。用 $t-r$ 二维图像记录检测结果，横轴 t 记录 CPI 序号，代表时间；纵轴 r 记录距离单元数，表示目标在某一时刻的位置。

对 CPI 内相干积累检测形成的点迹图用 Hough 变换到 $k-b$ 参数空间进行检测，对 $k-b$ 空间中有目标的点，通过逆变换回到 $t-r$ 空间，这样可以估计出目标的速度和目标当前的位置。Hough 变换实现了跨多个距离单元的点迹积累，这是目标信号非相干积累的

一种方法，Hough 变换后的信噪比为 SNR_3，Hough 变换获得的增益约为[158, 159]

$$\frac{SNR_3}{SNR_2} = \sqrt{L_c} \qquad (6\text{-}27)$$

这样经过信号分量相干积累、CPI 内相干积累、CPI 间非相干积累，共获得增益：

$$\frac{SNR_3}{SNR_0} = M \cdot N \cdot L_p \sqrt{L_c} \qquad (6\text{-}28)$$

这种 CPI 间非相干积累比传统的 CPI 内相干积累方法多了 $\sqrt{L_c}$ 的积累增益，实现了跨越多个距离单元的积累，这是传统方法无法实现的。同时，如果存在多个目标，每个目标的轨迹分布在各自的直线上，Hough 变换可以通过搜索不同的直线，自动区分多目标。

6.3.2　仿真实验结果

为检验本文方法检测弱目标的性能，本文设计了以下仿真实验。仿真系统参数是：MIMO 雷达包含了 16 个发射天线（$M = 16$），16 个接收天线（$N = 16$），脉冲重复频率为 $f_{PRF} = 1\,kHz$，每个信号的带宽为 100 MHz，目标的速度是 $v = 60\,m/s$。根据以上参数可以算出，雷达的距离分辨力为 1.5 m，设每个 CPI 中包含脉冲数 $L_p = 25$，雷达系统通过信号分量积累、CPI 内相干积累获得增益 $10\lg(16 \cdot 16 \cdot 25) = 37.9\,dB$。

仿真实验通过比较 CPI 数目 L_c 取不同值时，检测概率随着信噪比变化的情况。设总的虚警概率为 $P_F = 10^{-6}$，画出 Hough 变换检测的检测性能曲线，如图 6.15 所示，横轴表示 Hough 变换前的信噪比 SNR_2，纵轴表示总的检测概率 P_D。可见，当 $L_c = 1$ 时，即不做非相干积累时，对 $SNR_2 \leqslant 5\,dB$ 的弱目标的检测概率低，大约为 0.4，当非相干积累数目增加时，对弱目标的检测能力提高。当非相干积累数

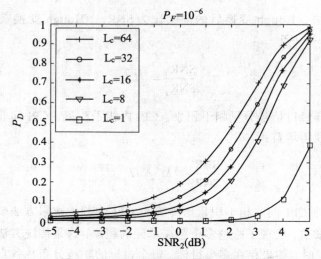

图 6.15　CPI 数目不同对检测性能的影响

$L_c = 64$ 时，对 $\mathrm{SNR}_2 = 5\,\mathrm{dB}$ 的弱目标检测概率达到 0.97，此时，通过 Hough 变换获得的增益为 $10\lg\sqrt{L_c} = 9\,\mathrm{dB}$。在上述参数条件下，应用本节的方法检测 $\mathrm{SNR}_0 \geqslant -40\,\mathrm{dB}$ 的微弱目标可以获得 $P_F = 10^{-6}$，$P_D = 50\%$ 的检测性能。

6.4　本章小结

　　文章主要研究了将 Hough 变换应用于 MIMO 雷达的检测。首先提出了两种改进的 Hough 变换方法。这两种方法都把数据空间中的点映射到由截距-斜率定义的参数空间 $b-k$，其中斜率 k 正是雷达中需要检测的目标速度。改进的方法中，通过移动参数空间单元来实现对一批数据的同时映射，大大地降低了计算量。假设传统方法和新方法的数据空间和参数空间大小都为 $N_r \times N_t$ 和 $N_r \times N_v$，则传统方法中进行坐标变换时需要 $2N_rN_vN_t$ 次乘法和 $N_rN_vN_t$ 次加法操作；而在本文的方法中，只需要 $N_v N_t$ 次加法和 $N_v N_t$ 移位操作，可见运算量大大降低。进一步，本文提出利用目标回波信号的相位来实现相干累积，提高了低信噪比时的检测概率。最后一节中，本文将改进的 Hough 变换应用到 MIMO 雷达的长时间积累中，取得了较好的效果。本方法对天线单元间距没有要求，加以推广本方法可以用于收发全分集的 MIMO 雷达中。

第 7 章

信道估计应用于发射分集 MIMO 雷达研究

7.1 引 言

随着 MIMO 在通信中应用的发展，MIMO 技术越来越多地在雷达中得到了应用。但是关于 MIMO 雷达的信号处理方法的研究很少，现有的文献中提到的方法都是经典的匹配滤波器方法。在雷达探测中，信道传输矩阵已经包含了目标的信息，因此，本文提出一种新的基于信道估计的方法来估计信道。通过对信道的分析，可以估计出目标的信息。在本文的初步结论中，估计了目标的角度信息。

7.2 收发信号模型

假设有 M 个收发天线，为分析方便，假设天线阵列的每个阵列单元间距半波长 $d = \dfrac{\lambda}{2}$，天线构成均匀直线阵（ULA）。发射天线各阵元发射相互正交的信号 $s_1(n)$，$s_2(n)$，$\cdots$，$s_M(n)$，构成发射信号向量：

$$s(n) = [s_1(n), s_2(n), \cdots, s_M(n)]^{\mathrm{T}} \tag{7-1}$$

其中 T 表示矩阵转置；$1 \leqslant n \leqslant N, N$ 为信号持续时间长度。

假设目标位于 θ 方向处，接收信号为

$$Y(n) = [y_1(n), y_2(n), \cdots, y_M(n)]^{\mathrm{T}} \qquad (7\text{-}2)$$

令 $a(\theta) = \left(1, \mathrm{e}^{\mathrm{j}\frac{2\pi}{\lambda}d\sin\theta}, \cdots, \mathrm{e}^{\mathrm{j}(M-1)\frac{2\pi}{\lambda}d\sin\theta}\right)^{\mathrm{T}}$ 为阵列响应矢量，则第 m

（ $1 \leqslant m \leqslant M$ ）个天线接收到的信号为

$$y_m(n) = \sum_{i=1}^{M} \alpha_{im} s_i(n) \cdot \mathrm{e}^{\mathrm{j}(i-1)\frac{2\pi}{\lambda}d\sin\theta} \cdot \mathrm{e}^{\mathrm{j}(m-1)\frac{2\pi}{\lambda}d\sin\theta} + w_m(n) \qquad (7\text{-}3)$$

其中 α_{im} 表示第 i 个发射天线到第 m 个接收天线的信道传输系数，它表征了雷达截面积（RCS），我们采用 swerling Ⅲ 模型，α_{im} 服从复高斯分布，即 $\alpha_{im} \approx CN(0,1)$，并且信道传输系数间相互独立。雷达目标的闪射矩阵写成如下形式：

$$H = \begin{bmatrix} \alpha_{11} & \cdots & \alpha_{1M} \\ \vdots & & \vdots \\ \alpha_{M1} & \cdots & \alpha_{MM} \end{bmatrix} \qquad (7\text{-}4)$$

则 M 个接收天线信号写成如下矩阵形式：

$$Y(n) = a(\theta) \cdot H \cdot a(\theta)^{\mathrm{T}} \cdot S(n) + W(n) \qquad (7\text{-}5)$$

其中 $W(n)$ 为高斯白噪声向量。

7.3　信道估计方法及目标参数估计

对接收信号 $Y(n)$ 求协方差矩阵：

$$
\begin{aligned}
E(Y \cdot Y^{\mathrm{H}}) &= E((a \cdot H \cdot a^{\mathrm{T}} \cdot S + W) \cdot (a \cdot H \cdot a^{\mathrm{T}} \cdot S + W)^{\mathrm{H}}) \\
&= E(a \cdot H \cdot a^{\mathrm{T}} \cdot S \cdot S^{\mathrm{H}} \cdot a^* \cdot H^{\mathrm{H}} \cdot a^{\mathrm{H}}) + E(a \cdot H \cdot a^{\mathrm{T}} \cdot S \cdot W^{\mathrm{H}}) + \\
&\quad E(W \cdot S^{\mathrm{H}} \cdot a^* \cdot H^{\mathrm{H}} \cdot a^{\mathrm{H}}) + E(W \cdot W^{\mathrm{H}}) \qquad (7\text{-}6)
\end{aligned}
$$

在（7-6）式中，第二项和第三项为零，所示在雷达中可以预先测出噪声的协方差矩阵而获得（7-6）式的第四项。（7-6）式变成：

$$E(Y \cdot Y^H) - B = E(a \cdot H \cdot a^T \cdot S \cdot S^H \cdot a^* \cdot H^H \cdot a^H) \tag{7-7}$$

其中 B 为噪声的协方差矩阵，$B = E(W \cdot W^H)$。

在 MIMO 雷达中，可以设计使得发射信号相互正交，即 $S \cdot S^H = I$。常用的正交序列有 hadamard 序列、Gold 序列等。本文中，我们采用 hadamard 序列，并考虑阵列响应矢量 a 的形式，（7-7）式化简为

$$E(Y \cdot Y^H) - B = M \cdot E(a \cdot H \cdot H^H \cdot a^H) = M \cdot a \cdot E(H \cdot H^H) \cdot a^H \tag{7-8}$$

在 MIMO 雷达传输矩阵中，传输系数 α_{im} 间相互独立，即有

$$E(\alpha_{im} \cdot \alpha_{jn}) = \begin{cases} 1, & i = j, m = n \\ 0, & \text{其他} \end{cases} \tag{7-9}$$

$$E(H \cdot H^H) = M \cdot I \tag{7-10}$$

（7-8）式变成

$$E(Y \cdot Y^H) - B = M^2 \cdot a \cdot a^H \tag{7-11}$$

从而，我们可以估计出

$$A = a \cdot a^H = \frac{E(Y \cdot Y^H) - B}{M^2} \tag{7-12}$$

估计出矩阵 A 后，构造目标函数

$$f(\theta) = \| a(\theta) \cdot a(\theta)^H - A \|^2 \tag{7-13}$$

这里我们使用的范数为 Frobenius 范数。

通过搜寻使 $f(\theta)$ 最小的 θ 来估计目标方向角：

$$\hat{\theta} = \arg\min f(\theta) = \arg\min \| a(\theta) \cdot a(\theta)^H - A \|^2 \tag{7-14}$$

7.4　仿真实验

　　我们通过仿真实验来验证本文方法的有效性。每组实验进行 5000
次 Monte-Carlo 实验。在仿真实验一中，假设目标的方向 $\theta = 20°$，接
收和发射天线单元数目 $M = 4$，接收信号采样长度 $N = 4$，发射信号
采用长度为 4 的 Hadamard 序列。假设接收信号的噪声为高斯白噪声，
信噪比为 10 dB。图 7.1 中画出了 $f(\theta) = \| a(\theta) \cdot a(\theta)^{\mathrm{H}} - A \|^2$ 随角度变化
的情况，图中横轴为角度，纵轴为 $f(\theta)$ 经过归一化的值。由图 1 的
结果可知道，根据 $f(\theta)$ 的最小值可以估计出目标角度。在本次实验
中，目标函数 $f(\theta)$ 的最小值对应 $\theta = 20°$，

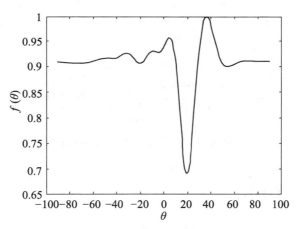

图 7.1　$f(\theta)$ 的变化情况，目标角度 $\theta = 20°$

　　在第二个实验中，我们分析了测量角度误差与天线数目以及信噪比
之间的关系。首先，定义估计角度的均方根误差为

$$\mathrm{RMSE} = E\{(\theta - \hat{\theta})^2\} \qquad （7\text{-}15）$$

（7-15）式中，θ 为目标的真实角度，$\hat{\theta}$ 为目标的估计角度。在实验
二中，同样设定目标方向 $\theta = 20°$，信噪比为 0 至 10 dB 改变，分别

取发射天线数目为 $M=4$ 和 $M=8$ ，接收信号采样长度 $N=4$ 。图 7.2 为仿真实验结果，比较了收发天线数目对角度估计性能的影响。图 7.2 中横轴为信噪比，纵轴为估计角度的均方根误差，两条曲线分别为天线数目为 4 和 8 的测量结果。从实验可以看出，随着信噪比的增加，目标角度的估计精度提高了。另外，在相同的信噪比情况下，天线数目越大，目标角度的估计精度越高。

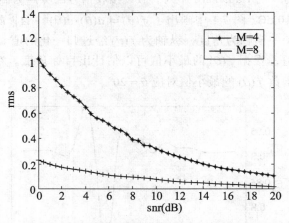

图 7.2　估计角度的均方根误差，天线数目分别为 4 和 8

7.5　本章小结

本节提出了一种新的基于信道估计方法来估计目标的角度信息，并通过仿真实验验证了其可行性。实际上，目标的其他信息（如速度信息）也可以从传输矩阵中估计出来。进一步的研究可以完善接收信号模型，把更多目标信息包括进来。另外可以进行优化发射信号，区分多目标并进行算法优化，减少计算量，提高估计精度。

第 8 章

MIMO 雷达用于海油检测

8.1　引　言

海面溢油往往预示海底蕴藏着石油资源；另一方面，海底石油运输管道以及大型油轮的漏油会对海洋环境造成严重污染，因此对海洋溢油进行及时、准确的监测对勘探石油资源、保护海洋环境具有重要意义。对溢油进行监测使用的方法主要有：可见光遥感、激光遥感、雷达遥感等。其中，合成孔径雷达（SAR）具有全天候、穿透力强、接近实时等特点，因此 SAR 已经被广泛应用于海上溢油监测中。因为海面溢油的平滑效应对雷达波反射起削弱作用，所以在雷达图像上会显示出暗色阴影区域，而周围海水却因为表面粗糙作用而显示比较亮。利用这一原理，SAR 可以用来观测到海面发生的溢油。MIMO 雷达的工作机制与 SAR 雷达相似，用它来实现海洋油污检测可以取得较好的效果。

MIMO 雷达图像中对溢油的检测可以分成以下几个步骤：①从图像中选择感兴趣的区域；②滤出图像中的噪声；③按灰暗程度对图像进行分块；④分析图像的几何形状；⑤对分块图像进行分析，并提取特征值；⑥对图像进行分类，判定其为海洋溢油或者其他物体。这几个步骤中，第②和第⑥步骤决定了检测方法的效率。现有的研究中，对噪声的滤出采用传统的滤波算法，噪声效果差，计算量大。而对图像分类则采用传统的 Bayesian 等统计判决准则，由于海洋溢油检测问题中包含许多非线性因素，使传统的统计判决方法非常复杂。

现有的研究都表明：有效滤出图像中的噪声和对图像进行分析是海洋溢油检测问题的关键。MIMO 雷达中的海洋溢油检测问题包括高效的 MIMO 雷达图像去噪算法和图像自动识别算法，这有利于提高海面溢油检测效率，对后续的石油勘探和环境保护工作具有重要的意义。

8.2　MIMO 雷达检测海洋油污的问题

MIMO 雷达具有全天候、全天时、覆盖面积大等诸多优点，是海洋表面油膜监测的一个重要发展方向，各国对此都有很多研究。到目前为止，溢油分类仍然很难实现完全自动化，仍需要人工参与，特别是在最后的判断阶段。

在对原始 MIMO 雷达图像进行滤出噪声的研究方面，现在使用最多的滤波方法还是传统的均值滤波、中值滤波等，这些方法在平滑噪声的同时损失了边缘信息。Lopes 等学者提出了局部统计自适应滤波方法，它考虑了图像的不均匀性，以局域的灰度直方图为基础来决定参与滤波的邻域像元及其权值，这样的滤波典型的有 Kuan 滤波、增强 Lee 滤波、增强 Frost 滤波、MAP 滤波等。这些滤波利用成像处理的视数来决定图像的噪声强度。在 MIMO 雷达图像中，噪声主要来源于海面的回波，即杂波信号。这种信号的特点是：风浪较小时，杂波频率低；风浪大时，杂波频率高。因此，在风浪小时，局域统计自适应滤波能在平滑噪声的同时保持边缘信息；但是在风浪较大时，由于噪声频率变高，这种方法区分噪声和边缘信息的能力变差。

　　针对 MIMO 雷达图像中噪声和边缘信息具有不同频率的特点，可以采用小波分析的方法对图像进行滤波去除噪声。在图像分析与识别的研究方面，马来西亚的 S.B.Mansor 等以 SAR 为数据源，对马六甲海峡地区进行了溢油图像处理方法的探讨，建立了包括孔径模式校正、辐射校正、几何校正、暗油层探测、纹理分析、特征提取、Gamma 滤波、油层分类等环节的 SAR 溢油探测技术流程和分类算法。Solberg et al 给出了一个溢油探测分类器，对油膜概率较大的目标直接进行自动监测。对 84 景 SAR 图像进行了处理，以确定像素局部阈值，小像素目标的聚类或大像素目标分割以及随机地把每一类送入分类器，最终识别出 10 类不同的目标特征。Del Frate 使用神经网络做 SAR 图像中油膜的半自动探测，使用了一系列特征把油膜表示为输入矢量。Fabio Del Frate 又考虑风速对溢油 SAR 分类的影响，将风速也作为神经网络的一个矢量特征降。Fiseena et al 基于 Mahalanobis 统计测试和古典复合概率开发了一个随机分类器，使用了预处理工具以便从 SAR 影像中提取像素目标，然后根据统计标准对其进行分类，实际应用了 14 个不同特征。但是这些研究都是基于标准的人工神经网络，其缺点在于容易陷入局部最小、收敛速度慢和引起振荡效应。针对这些缺点，可以使用遗传算法加以优化。国内目前在 SAR 海面溢油监测研究上开展的工作较少，其中，黄晓霞进行过相关的海洋油气藏遥感综合探查研究，其溢油监测仍然采用传统的灰度级阈值方法。

　　针对 MIMO 雷达图像识别问题中包含很多非线形因素的特点，可以采用人工神经网络（Artificial Neural Networks，ANN）方法，并对神经网络中的参数优化问题采用遗传算法。人工神经网络是模拟生物大脑的结构和功能而建立起来的计算智能模式识别方式，是由大量神经元通过不同的连接权值广泛互连而成的多层复杂网络系统。它建立起的数学模型能更清晰地逼近输入与输出之间的映射关系，克服常规回归方法处理非线性问题时的缺点。人工神经网络无需人们预先给定公式，只在已知的有限实验数据基础上，经过反复迭代计算，不断修正与目标值的差异而获得反映实验数据内在规律的数学模型，因此它特别适合研究复杂非线性问题。另外，遗传算法是以生物进化过程为背景，模拟生物进化的步骤，将繁殖、杂交、变异、竞争和选择等概念引入到算法中。通过维持一组可行解，并通过对可行解的重新组合，改进可行解在多维空间内的移动轨迹或趋向，最终走向最优解。它克服了传统优化方法容易陷入局部极值的缺点，是一种全局优化算法。

神经网络在 SAR 图像海洋溢油检测问题中已有报道，而在MIMO 雷达的海洋油污检测问题中还没有提到过，通常采用的特征向量是基于明暗灰度的。若从图像纹理特征、灰度特征两个方面对图像进行分析，能提高溢油检测的准确度。纹理是指图像中局部不规则而宏观有规律的特性，通过纹理分析可以提高分类精度。纹理分析方法基本上可分为统计方法、结构方法和谱方法三大类。无论从历史发展还是从当前研究来看，统计方法仍然占主导地位。1992 年，Ohanian给出了对几种纹理测量技术的比较结果，并且他根据实验结果证明在四种用于实现纹理分类的特征中，基于灰度共生矩阵的统计特征要优于分数维、马尔科夫模型和 Gabor 滤波器特性。武汉大学的方圣辉和国家基础地理信息中心的朱武开展的辅以纹理特征的 SAR 图像分类研究中，选取了角二阶矩、熵、惯性矩和相关作为 SAR 图像的分类纹理特征值，取得了较好的分类效果。

参 考 文 献

[1] Brooker. E. Phase arrays aroud the world-progress and future trends. Porceeding of the IEEE international symposim on phase array systems and technology. Boston. IEEE Press: 2003.

[2] Dogandzic A, Nehorai A. Cramer-Rao bounds for estimating range, velocity, and direction with an active array. IEEE Transactions on Signal Processing, 2001, 49(6): 1122-1137

[3] Pasupathy S, Venetsanopoulos A N. Optimum active array processing structure and space-time factorability. IEEE Transactions on Aerospace and Electronic Systems, 1974, 10(6): 770-778

[4] Swindelehurst L, Stoica P. Maximum likelihood methods in radar array signal processing. Proceedings of the IEEE, 1998, 86(2): 421-441

[5] Farina A. Antenna based signal processing techniques for radar systems. Norwood: Artech House, 1992:13-36

[6] Haykin. S. Radar array processing. New York. Springer-Verlag, 1993, 23-78

[7] Wang H, Cai L. On adaptive spatio-temporal processing for airborne surveillance radar systems. IEEE Transactions on Aerospace and Electronic Systems, 1994, 30(8): 660-670

[8] Ward J. Cramer-Rao bounds for target angle and Doppler estimation with space-time adaptive processing radar. Proceedings of 29th Asilomar Conference. Signals, System. Computer. Pacific Grove, CA:IEEE Computer Society Press, 1995, 2:1198-1202

[9] 文树梁，袁起，秦忠宇. 宽带相控阵雷达的设计准则与发展方向.系统工程与电子技术，2005，27(6):1007-1011

[10] 李治铭，陆中行. 有源相控阵雷达距离高分辨试验研究. 现代雷达，1997，19(3):14-20

[11] 梁甸龙，孔铁生，吴曼青. 相控阵雷达数字自适应波束形成技术.电子学报，1994，22(3): 93-97

[12] 孙胜贤，龚耀寰，王维学. 相控阵部分自适应形成收发算法.电子学报，2002，30(12): 1755-1758

[13] Herbert, G. M. Effects of platform rotation on STAP performance. IEE Proceedings Radar, Sonar, Navigation, 2005, 152(1): 2-8

[14] William L Melvin. A STAP overview. IEEE Aerospace Electronic systems Magazine. 2004, 19(1): 19-34

[15] Klemm. W. L. Principle of space-time adaptive radar. London:IEE Press, 2002, 14-56

[16] Guerci. J. R Space-time adaptive processing for radar. Norwood, MA: Artech House, 2003, 20-36

[17] Chernyak. V. S. Fundamentals of multisite radar systems. New York: Gordon and Breach, 1998, 20-46

[18] Papoutsis.I., Baker. C. J., Griffiths. H. D. Fundamental performance limitations of radar networks. Proceedings of 1st EMRS DTC Technical Conference., Edinburgh, 2004, 1-8

[19] Viswanathan. R. Varshney P. K.. Distributed detection with multiple sensors I: Fundamentals. Proceedings of the IEEE, 1997, 85(1): 54-63

[20] Blum.R.S., Kassam S. A., Poor. H. V. Distributed detection with multiple sensors Ⅱ: Advanced topics. Proceedings of the IEEE, 1997, 85(1): 64-79

[21] Blum. R. S. Distributed detection for diversity reception of fading signals in noise. IEEE Transactions on Information Theory, 1999, 45(1): 158-164

[22] Luce A. Experimental results on SIAR digital beamforming radar. Proceedings of the IEEE International Radar Conference. Brighton, UK:1992, 505-510

[23] Dorey J, Garnier G, Auvray G.RIAS. Synthetic impulse and antenna radar. proceedings of International Conference on Radar. Paris, 1989, 556-562

[24] Fletcher. A. S., Robey. F. C.. Performance bounds for adaptive coherence of sparse array radar. Proceedings of the Adaptive Sensor Array Processing Workshop，Lexington, 2003,1-6

[25] Bliss D. W., Forsythe. K. W. Multiple-input multiple-output(MIMO) radar and imaging: Degrees of freedom and resolution. Proceedings of 37th Asilomar Conference on Signals, Systems and Computers, Pacific Grove, CA: 2003, 54-59

[26] Rabideau D J, Parker P. Ubiquitous MIMO Multifunction Digital Array Radar. Proceedings of the 37th Asilomar Conference on Signals, Systems and Computers, Pacific Grove, CA:2003, 1057-1064

[27] 何子述, 韩春林, 刘波. MIMO 雷达概念及其技术特点分析. 电子学报.2005, 33(12A): 2441-2445

[28] Fishler E., Haimovich A.，Blum R., et al. MIMO radar: An idea whose time has come. Proceedings of 2004 IEEE Radar Conference, Philadelphia, Pennsylvania: 2004, 71-78

[29] Fishler E., Haimovich A.，Blum R., et al. Performance of MIMO radar systems: Advantages of angular diversity. Proceedings of 38th Asilomar Conference Signals, System. Computer. Pacific Grove, CA: 2004, 305-309

[30] Fishler E., Haimovich A.，Blum R., et al. Spatial diversity in radars—models and detection performance. IEEE Transactions on

Signal Processing, 2006, 54(3): 823-838

[31]   Foschini G J, Golden G D, Valenzuela R A, et al. Simplified processing for high spectral efficiency wireless communication employing multi-element arrays. IEEE Journal on Selected Areas in Communications, 1999, 17(11): 1841-1852

[32]   Alamouti S M. A simple transmit diversity technique for wireless communications. IEEE Journal on Selected Areas in Communications, 1998, 16(8): 1451-1458

[33]   Foschini G J, Gans M J. On limits of wireless communications in fading environment when using multiple antennas. Wireless Personal Communications, 1998, 6(3): 311-335

[34]   Skolnik M. I. Radar Handbook. New York: McGraw-Hill Companies, 2003, 55-102

[35]   Fishler E., et al. Performance of MIMO radar systems: Advantages of angular diversity. Conference Record of the 38th Asilomar Conference on Signals, Systems and Computers. Pacific Grove, CA: 2004, 305-309

[36]   Skolnik M. Introduction to Radar Systems. 3rd. McGraw-Hill: 2002

[37]   任立刚, 宋梅, 郄松楠, 等. 移动通信中的 MIMO 技术. 现代电信科技, 2004, 1: 42-45

[38]   Jian Li, Stoica P. MIMO radar with collocated antennas. IEEE Signal Processing magazine, 2007, 24(5): 106-114

[39]   Alexander M. Haimovich, Rick S. Blum. MIMO radar with widely sepatated antennas. IEEE Signal Processing magazine, 2008, 25(1): 116-129

[40]   Lehmann N., Fishler E., Haimovich A. M., et al. Evaluation of transmit diversity in MIMO-radar direction finding. IEEE

Transactions on Signal Processing. 2007, 55(2): 2215-2225

[41] Foschini G. J. Layered space-time architecture for wireless communication in a fading environment when using multiple antennas. Bell Labs Technology, 1996, 1: 41-59

[42] Robey F C, et al. MIMO radar theory and experimental results. Conference Record of the 38th Asilomar Conference on Signals, Systems and Computers. Pacific Grove, CA:2004, 300-304

[43] Tabrikian J. Barankin Bounds for Target Localization by MIMO Radars.Proceedings of Fourth IEEE Workshop on Sensor Array and Multichannel, Waltham, MA: 2006, 278-281

[44] Bekkerman I, Tabrikian J. Target detection and localization using MIMO radars and sonars. IEEE Transactions on Signal Processing, 2006, 54(10): 3873-3883

[45] Bekkerman I, Tabrikian J. Spatially coded transmission for active arrays. Proceedings of International Conference on Acoustics, Speech, Signal Processing, Montreal, Canada: 2004, 2: 209-212

[46] Tabrikian J, Bekkerman I. Transmission diversity smoothing for multi-target localization. Proceedings of IEEE International Conference on Acoustics, Speech, and Signal Processing, Philadelphia, PA:2005, 4: 1041-1044

[47] Sammartino P F. Target Model Effects on MIMO Radar Performance. Proceedings of IEEE International Conference on Acoustics, Speech and Signal Processing, Toulouse, France: 2006, 5: 1127-1129

[48] Khan H A, Malik W Q, Edwards D J, et al. Ultra wideband Multiple-Input Multiple-Output radar. Proceedings of IEEE International Radar Conference, Arlington, Virginia: 2005. 900-904

[49] Deng H. Polyphase code design for orthogonal netted radar

systems. IEEE Transactions on Signal Processing, 2004, 52(11): 3126-3135

[50] Deng H. Discrete frequency-coding waveform design for netted radar systems. IEEE Signal Processing Letters, 2004, 11(2): 179-182

[51] Khan H A, Edwards D J. Doppler problems in orthogonal MIMO radars. Proceedings of IEEE Conference on Radar, Massachusetts: 2006, 1: 24-27

[52] Yang Y, Blum R S.Waveform design for MIMO Radar based on mutual information and minimum mean-square error estimation. Proceedings of 40th Conference on Information Sciences and Systems, Princeton: 2006, 1: 111-116

[53] Fuhrmann D R, Antonio G S. Transmit beamforming for MIMO radar systems using partial signal correlation. Proceedings of the 38th Asilomar Conference on Signals, Systems and Computers, Pacific Grove, CA: 2004, 1: 295-299

[54] Antonio G S, Fuhrmann D R. Beampattern synthesis for wideband MIMO radar systems. Proceedings of 1st IEEE International Workshop on Computational Advances in Multi-Sensor Adaptive, Puerto Vallarta Mexico: 2005, 1: 105-108

[55] Forsythe K W, Bliss D W. Waveform correlation and optimization Issues for MIMO Radar. Proceedings of the Thirty-Ninth Asilomar Conference on Signals, Systems and Computers, Pacific Grove, CA: 2006, 1: 1306-1310

[56] Lu X, Jian Li, Stoica P. Adaptive Techniques for MIMO Radar. Fourth IEEE Workshop on Sensor Array and Multichannel Processing, Waltham, MA: 2006, 258-262

[57] Lu X, Jian Li, Stoica P. Radar imaging via adaptive MIMO

techniques. Proceedings of 14th European Signal Processing Conference（EUSIPCO'06）, Toledo, Spain:2006, 1-5

[58] 保铮，张庆文. 一种新型的米波雷达——综合脉冲与孔径雷达. 现代雷达，1995, 17(1):1-13

[59] 张庆文，保铮. 综合脉冲与孔径雷达时空三维匹配滤波及性能分析.电子科学学刊，1994, 16(5):481-489

[60] 陈伯孝. SIAR 四维跟踪及其长相干积累等技术研究[D]. 西安:西安电子科技大学，1997

[61] 陈伯孝，张守宏. 相位编码信号在稀布阵综合脉冲与孔径雷达中的应用.西安电子科技大学学报，1997, 24(3): 335-341

[62] 吴剑旗，阮信畅. 稀布阵综合脉冲与孔径雷达主要性能分析. 现代电子，1994, 48(3):1-6

[63] 张玉洪. 最佳稀布阵列理论及其在高分辨米波雷达中的应用[D]. 西安:西安电子科技大学，1988

[64] 陈伯孝，张守宏. 基于稀布阵综合脉冲孔径雷达的长时间相干积累方法. 电子科学学刊，1998，20(4): 573-576

[65] 陈伯孝，张守宏. 稀布阵综合脉冲孔径雷达时域与频域脉冲综合方法.现代雷达，1998，20(1): 12-17

[66] 陈伯孝，张守宏. 降低稀布阵综合脉冲孔径雷达距离旁瓣的方法研究. 西安电子科技大学学报（雷达信号处理专辑），1997，24:103-108

[67] 张庆文，保铮，张玉洪. 稀布阵综合脉冲和孔径雷达的接收信号处理. 现代雷达, 1992, 14(5): 32-42

[68] Baixiao C, Shouhong Z，Yajun W, et al. Analysis and experimental results on sparse array synthetic impulse and aperture radar. Proceedings of CIE International Conference on Radar, Beijng, 2001, 1: 76-80

[69] Baixiao C, Hongliang L, Shouhong Z. Long-time coherent

integration based on sparse-array synthetic impulse and aperture radar. Proceedings of CIE International Conference on Radar, Beijng, 2001, 1: 1062-1066

[70]   Harry L, Van Trees. Detection estimation and modulation theory. New York: John Wiley, 1968, 201-238

[71]   Baum L. E., Petrie T., G.Soules et al. A maximaization technique occuing in the statistica analysis of probabilistic function of Markov chain. Ann.Math.Stat. 1970, 41: 164-171

[72]   Baum L. E.. An inequality and associated maximization technique in statistical estimation of probabilistic functions of Markov process. Inequalities. 1972, 3: 1-8

[73]   Bahl L.R., Jelinek F.. Decoding for channels with Insertions, deletions, and substitutions with applications to speech Recognition. IEEE Transactions on Information Theory, 1975, 21(2): 404-411

[74]   Jelinek F.. Continuous speech recognition by statistical methods. Proceedings of the IEEE, 1976, 64(4): 532-536

[75]   Levinson S.E., Rabiner L. R., Sondhi.M. An introduction to the application of the theory of probabilistic functions of a Markov Process to Automatic Speech Recognition.BSTJ, 1983, 62(4): 1035-1047

[76]   Rabiner L. R., Juang B. H. An introduction to Hidden Markov Models. IEEE ASSP Magazine, 1986, 3(1): 4-16

[77]   Rabiner L. R. A tutorial on hidden Markov models, selected applications in speech recognition. Proceedings of the IEEE, 1989, 77(2): 257-286

[78]   Samaria F. Face recognition using Hidden Markov Models[D]. Cambridge: Engineering Department. Cambridge University, 1994.

[79] Nefian, A.V.; Hayes, M.H. , Ⅲ. Hidden markov Models for face recognition. Processing of International Conference on Acoustics, Speech, and Signal Processing Seattle: 1998, 5: 2721-2724

[80] Ara V. Nefian. Embeded Bayesian network for face recognition. ICME, Switzerland, 2002, 133-136

[81] Flake, L. R, Detecting anisotropic scattering with hidden Markov models. IEE Proceedings Radar Sonar Navigation, 1997 , 144(2):81-86

[82] Stein D. W. J., Dillard G. M. Applying hidden Markov models to radar detection in clutter. Proceedings of IEE Radar Conference. Edinburgh: 1997, 449, 586-590

[83] Paul R. Runkle, Priya K. Bharadwaj, Luise Couchman.Hidden Markov models for multiaspect target classification. IEEE Transactions on. Signal Processing, 1999, 47(7): 2035-3040

[84] Bingnan Pei, Zheng Bao. Multi-Aspect radar target recognition method based on scattering centers and HMMs classifiers. IEEE Transactions on Aerospace and Electronic Systems, 2005, (41)3: 1067-1074

[85] Paul R. Runkle. Multi-aspect target detection for SAR imagery using hidden Markov models. IEEE Transactions on Geoscience and Remote Sensing. 2001. (39)1: 46-54

[86] Rabiner, L. R, A tutorial on hidden Markov models and selected applications in speech recognition. Proceedings of the IEEE, 1989, (77)2: 257-286

[87] Allen.M.R, Jauregui, J. M. Fopen-SAR detection by direct use of simple scattering physics. IEEE International Radar Conference, Alexandria, VA: 1995, 152-157

[88] Nanis J. G., Halversen, S. D., Owirka, G.J. Adaptive filters for

detection of targets in foliage. IEEE National Radar Conference. Atlanta, GA:1994, 101-103

[89] Halverson S.D, et. al. A comparison of ultra-wideband SAR target detection algorithms. SPIE, 1994, 2230: 230-243

[90] 强伯涵. 现代雷达发射机的理论设计和实践. 北京: 国防工业出版社, 1985

[91] Brennan L E, Reed I S. Theory of adaptive radar. IEEE Transactions on Aerospace and Electronic System, 1973, 9(2): 237-252

[92] 王永良, 彭应宁. 空时自适应信号处理. 北京: 清华大学出版社, 2000, 1-60

[93] 王永良, 李天泉. 机载雷达空时自适应信号处理技术回顾与展望. 中国电子科学研究院学报, 2008, 3(3): 272-276

[94] Ward J. Space-time adaptive processing for airborne radar. MIT Lincoln Laboratory Technical Report. ESC-TR-94-109, 1994, 12

[95] Reed I. S., Mallett J. D., Brennan L. E.. Rapid convergence rate in adaptive arrays. IEEE Transactions on Aerospace and Electronic System, 1974, 10(6): 853-863

[96] Jaffer, A. G., Baker, M. H., Balance, W. P., and Staub, J. R.Adaptive space-limp pressing techniques for airborne radrs. Rome laboratory Technical Rept, 1991, 91-162

[97] Brennan L. E., Mallett J. D., Reed I.S.. Adaptive arrays in airborne MTI radar. IEEE Transactions on Antennas and Propagation, 1976, 24(5): 607-615

[98] Klemm R. Some properties of space-time covariance matrices. International Conference Radar, 1986, 357-362

[99] Klemm R.. Adaptive airborne MTI: An auxiliary channel approach. IEE Proceedings, 1987, 134(3): 269-276

[100] Wang H., Cai L.. On adaptive spatial-temporal processing for airborne surveillance radar systems. IEEE Transactions on Aerospace and Electronic System, 1994, 30(3): 660-670

[101] Barile E.C., Fante R.L., Torres J. A. Some limitations on the effectiveness of airborne radar. IEEE Transactions on Aerospace and Electronic System, 1992, 28(4): 1015-1023

[102] Rechardson P. Relationships between DPCA and adaptive space-time processing techniques for clutter suppression. Proceedngs of International Conference on Radar:Paris, 1994, 295-300

[103] Brennan L. E., Piwinski D. J., Standaher M. F. Comparison of space-time adaptive processing approaches using experimental airborne radar data. Proceedings of IEEE National Radar Conference, Massachusetts, USA: 1993, 176-181

[104] Brown R., Wicks M., Zhang Y., et al. A space-time adaptive processing approach for improved performance and affordability. Proceedings of IEEE National Radar Conference., MI, USA: 1996, 321-326

[105] Wang H., Zhang Y., Zhang Q. An improved and affordable space-time adaptive processing approach. Proceedings of CIE Internation. Conference on Radar: Beijing, 1996, 72-77

[106] Zhang Y., Wang H.. Further results of Σ-Δ STAP approach to airborne surveillance radars. Proceedings of National Radar Conference. Syracuse, New York: 1997, 337-342

[107] Heimovich A., Berin M. Eigenanalysis based space-time adaptive radar performance analysis. IEEE Transactions on Aerospace and Electronic System, 1997, 33(4): 1170-1179

[108] Goldstein J. S., Reed I. S. Subspace selection for partially adaptive sensor array processing. IEEE Transactions on

Aerospace and Electronic System, 1997, 33(2): 988-996

[109] Kreithen D. E., Pulsone N.B., Rader C.M., et al. The MIT Lincoln Laboratory KASSPER algorithm tested and baseline algorithm suite. 2002 Sensor Array and Multichannel Signal Processing Workshop Proceedings: 38-42

[110] Roman J.R., Rangaswamy M., Davis D.W., et al. Parametric adaptive matched filter for airborne radar. IEEE Transactions on Aerospace and Electronic Systems, 2000, 36(2): 677-692

[111] Michels J. H., Rangaswamy M., Himed B.. Performance of parametric and covariance based STAP tests in compound-Gaussian clutter. Digital Signal Processing, 2002, 12(3): 307-328

[112] Parker P.. Performance of the space-time AR filter in non-homogeneous clutter. Proceedings of IEEE International Radar Conference. Huntsville, USA: 2003, 67-70

[113] Russ J. A., Casbeer D. W., Swindlehurst A.L.STAP detection using space-time autoregressive filtering.Proceedings of IEEE Radar Conference, Philadelphia, Pennsylvania, 2004, 541-545

[114] Melvin W. L.. Eigenbased modeling of nonhomogeneous airborne radar environments. Proceedings of the IEEE National Radar Conf. Dallas, Tx: 1998, 171-176

[115] Melvin W. L.. Space-time adaptive radar performance in heterogeneous clutter. IEEE Transactions on Aerospace and Electronic Systems, 2000, 36(2): 621-633

[116] Melvin W. L., Guerci J.R., Callahan M. J., et al. Design of adaptive detection algorithms for surveillance radar. Proceedings of International Radar Conference. Alexandria, VA.2000, 608-613

[117] Melvin W. L., Wicks M. C.. Improving practical space-time adaptive radar. Proceedings of IEEE National Radar Conference,

Syracuse, New York, 1997, 48-53

[118] Little M. O., Berry W. P.Real-time multichannel airborne radar measurements. Proceedings of IEEE National Radar Conference, Syracuse, New York: 1997, 138-142

[119] Rabideau D. J., Steinhardt A.O.Improved adaptive clutter cancellation through data-adaptive training. IEEE Transactions on Aerospace and Electronic Systems, 1999, 35(3): 879-891

[120] Himed Y. Salama, Michels J. H. Improved detection of close proximity targets using two-step NHD. Proceedings of International Coference On Radar. Alexandria, 2000, 781-786

[121] Wang Y. L., Chen J. W., Zhen Bao, et al. Robust space-time adaptive processing for airborne radar in nonhomogeneous clutter environments. IEEE Transactions on Aerospace and Electronic Systems, 2003, 39(1): 71-81

[122] Guerci J. R. Theory and application of covariance matrix tapers for robust adaptive beamforming. IEEE Transactions on Signal Processing, 1999, 47(4): 977-985

[123] Tinston M. A., Oqle W.C., Picciolo M. L. Classification of training data with reduced-rank generalized inner-product. Proceedings of IEEE Radar Conference. Philadelphia, Pennsylvania: 2004, 236-241

[124] Capraro C. T., et al. Improved STAP performance using knowledge-aided secondary data selection. Proceedings of IEEE Radar Conference. Philadelphia, Pennsylvania: 2004, 361-365

[125] Gerlach K., Blunt S. D., Picciolo M.L.Robust adaptive matched filtering using the FRACTA algorithm. IEEE Transactions on Aerospace and Electronic System, 2004, 40(3): 929-945

[126] Blunt S. D., Gerlach K.Efficient robust AMF using the FRACTA algorithm. IEEE Transactions on Aerospace and Electronic

System, 2005, 41(2): 537-548

[127] 董瑞军. 机载雷达非均匀 STAP 方法及其应用[D]. 西安: 西安电子科技大学, 2002, 9

[128] Tsakalides P., Trinci F., Nikias C. L. Performance assessment of CFAR processors in pearson-distributed clutter. IEEE Transactions on Aerospace and Electronic System, 2000, 36(4): 1377-1386

[129] Liu W., FU J. S. A new method for analysis of M-pulses CA-CFAR in Weibull bacdground. Proceedings of IEEE Internatinal Radar Conference. Virginia, USA: 2000, 509-514

[130] Gini. F, Farina.A and Montanari. M. Vector subspace detection in Compound-Gaussian clutter part Ⅱ: performance analysis. IEEE Transactions on Aerospace and Electronic System, 2002, 38(4): 1312-1323

[131] Hough P. V. C., Method and means for recognizing complex patterns. U. S. Patent 3, 069, 654. Dec. 1962

[132] Duda, R. O., and hart, P. E. Use of the hough transformation to detect lines and curves in pictures. Communication of the ACM, 1972, 15(1): 11-15

[133] Sklansky, J. On the hough technique for curve detection. IEEE Transactions on Computers, 1978, 27(10): 923-926

[134] Ballard D. H.. Generalizing the hough transform to detect arbitrary shapes. Pattern Recognition. 1981, 13(2): 111-122

[135] Illingworth, J., Kittler J. A survey of the Hough transforms. Computer Vision, Graphics, and Image Processing. 1988, 44(1): 87-116

[136] Carlson B. D., Evans E.D., Wilson S.L. Search radar detection and track with the hough transform, Part I: System concept. IEEE Transactions on Aerospace and Electronic Systems.1994. 30(1):

102-108

[137] Carlson B. D., Evans E. D., Wilson S. L. Search radar detection and track with the hough transform, Part II : Detection Statistics. IEEE Transactions on Aerospace and Electronic Systems, 1994, 30(1): 109-115

[138] Carlson B. D., Evans E. D., Wilson S.L. Wilson, Search radar detection and track with the hough transform, Part III : Detection performance with binary integration, IEEE Transactions on Aerospace and Electronic Systems. 1994, 30(1): 116-125

[139] Stacy L. Tantum, et al. Comparison of algorithms for land mine detection and discrimination using ground-penetrating radar. Proceedings of SPIE, 2002, 4742: 728-735

[140] Kathrnn Long, et al. Image processing of ground penetrating radar data for landmine detection. Proceedings of SPIE, 2006, 6217: 62172R: 1-12

[141] Fabio Dell'Acqua, Gamla, P. Detection of urban structures in SAR images by robust fuzzy clustering algorithms: the example of street tracking. IEEE Transactions on Geoscience and Remote Sensing, 2001, 39(10): 2287-2297

[142] Amberg V. et al. Structure extraction from high resolution SAR data on urban areas. Proceedings of IEEE International Geoscience and Remote Sensing Symposium. Anchorage, Alaska, 2004, 3: 1784-1787

[143] Leung H. et al. Evaluation of multiple target track initiation techniques in real radar tracking environments, Radar, Sonar and Navigation. IEEE Proceedings, 1996, 143(4):246 - 254

[144] Lai, E. S. T. et al. Pattern recognition of radar echoes for short-range rainfall forecast. Proceedings of 15th International

Conference on Pattern Recognition. Barcelona, Spain, 2000, 4: 299-302

[145] Moshe Elazar. Search radar track-before-detect using the hough transform. March, 1995, ADA 295245

[146] 何伍福. 海杂波环境中基于 hough 变换、混沌和分行的检测技术[M]. 武汉: 海军工程学院, 2004.3

[147] Chen J, Leung H, Lo T, et al. A modified probabilistic data association filter in real clutter environment. IEEE Transactions on Aerospace Electronic Systems, 1996, 32(1): 300-314

[148] Ying Wang et al. Recognition of roads and bridges in SAR images. Proceedings of IEEE International Radar Conference, Alexandria, VA :1995, 399-404

[149] Byoung-Ki Jeon et al. Road detection in spaceborne SAR images based on ridge extraction. Proceedings of International Conference on Image Processing. Kobe Japan: 1999, 2: 735-739

[150] Iisaka, J et al. Automated detection of road intersections from ERS-1 SAR imagery. Geoscience and Remote Sensing Symposium IGARSS '95. Quantitative Remote Sensing for Science and Applications, 1995, 1: 676-678

[151] Runhong Pan et al. A research of moving targets detection and imaging by SAR. Geoscience and Remote Sensing IGARSS '97. Remote Sensing-A Scientific Vision for Sustainable Development, 1997, 1: 498-500

[152] Lombardo. P. Estimation of target motion parameters from dual-channel SAR echoes via time-frequency analysis. Proceedings of IEEE National Radar Conference. Syracuse, New York: 1997, 13-18

[153] I-I Lin et al. Ship and ship wake detection in the ERS SAR

imagery using computer-based algorithm. Geoscience and Remote Sensing IGARSS '97. Remote Sensing-A Scientific Vision for Sustainable Development. 1997, 1: 151-153

[154] 曲长文. 合成孔径雷达运动目标检测与成像算法研究[D]. 武汉: 海军工程大学, 2004

[155] Mao Yinfang et al. SAR/ISAR imaging of multiple moving targets based on combination of WVD and HT. Radar. Proceedings of CIE International Conference. Beijing, 1996, 342-345

[156] Sauer, T Schroth, A. Robust range alignment algorithm via Hough transform in an ISAR imaging system. IEEE Transactions on Aerospace and Electronic Systems. 1995, 31(5):1173-1177

[157] 苏峰. 基于Hough变换的检测与跟踪[M]. 烟台: 海军航空工程学院, 2002, 3

[158] Nadav Leavanon.Radar principle. John wiley & Sons Inc., 1988, 20-129

[159] 李刚等. 基于混合积累的SAR微弱运动目标检测. 电子学报, 2007, 35(3)